从零基础到精通

U0129894

Flutter

开发

陈 政◎著

From Zero Foundation
to Proficient
in Flutter Development

北京大学出版社
PEKING UNIVERSITY PRESS

内 容 简 介

本书由浅入深地带领读者进入Flutter开发的世界，从Flutter的起源讲起，逐步深入Flutter进阶实战，并在最后配合项目实战案例，让读者不但可以系统地学习Flutter编程的相关知识，而且还能对Flutter应用开发有更为深入的理解。

本书分为三部分：第一部分为入门篇（第1～4章），主要介绍Flutter技术的诞生背景、特点、语言及常用组件的使用，通过对本篇的学习，读者可以掌握如何使用Flutter来搭建UI界面；第二部分为进阶篇（第5～11章），主要包含Flutter的手势和事件处理、动画、自定义组件、文件操作和网络请求、路由导航和存储、混合跨平台开发、国际化等，通过对本篇的学习，读者可以对Flutter的整体流程及原理有一个深入的认识；第三部分为实战篇（第12～14章），主要通过一个实战项目把前面介绍的内容整合起来，并且结合Flutter应用发布和Flutter App升级等一条线流程，让读者对开发一个完整的Flutter App有一个整体的了解。

本书内容不仅包含大量示例、图片、表格，还有对应的配套示例源代码，可帮助读者循序渐进地掌握Flutter开发技术，而且通俗易懂，内容丰富，实用性强，特别适合Flutter语言的入门读者和进阶读者阅读，也适合移动开发的其他编程爱好者阅读。另外，本书还适合作为相关培训机构的教材使用。

图书在版编目(CIP)数据

从零基础到精通Flutter开发 / 陈政著. — 北京 :北京大学出版社，2023.8
ISBN 978-7-301-34123-0

Ⅰ.①从… Ⅱ.①陈… Ⅲ.①移动终端－应用程序－程序设计 Ⅳ.①TN929.53

中国国家版本馆CIP数据核字（2023）第107523号

书　　　名	从零基础到精通Flutter开发
	CONG LINGJICHU DAO JINGTONG FLUTTER KAIFA
著作责任者	陈 政 著
责 任 编 辑	王继伟
标 准 书 号	ISBN 978-7-301-34123-0
出 版 发 行	北京大学出版社
地　　　址	北京市海淀区成府路205号　100871
网　　　址	http://www.pup.cn　　新浪微博:@北京大学出版社
电 子 信 箱	编辑部 pup7@pup.cn　总编室 zpup@pup.cn
电　　　话	邮购部 010-62752015　发行部 010-62750672　编辑部 010-62570390
印 刷 者	北京圣夫亚美印刷有限公司
经 销 者	新华书店
	787毫米×1092毫米　16开本　11.25印张　271千字
	2023年8月第1版　2023年8月第1次印刷
印　　　数	1-3000册
定　　　价	59.00元

Preface

自从 Google 在 2018 年推出 Flutter 以来，由于其较高的开发效率、良好的性能、漂亮的 UI 界面及 Google 的极力推荐支持，因此 Flutter 发展迅速，受到了开发者的热捧，收获了越来越多的关注。

笔者一直在从事移动端 App 的开发工作，也时刻关注着大前端技术的发展方向。Flutter 刚发布后笔者就开始了解并研究这个新兴的框架，后来又将其应用到实际开发中。经过项目实践，笔者觉得 Flutter 已经可以取代传统移动端的原生开发。它较高的开发效率、漂亮的 UI 界面及跨平台的一致性已经在"征服"越来越多的开发者和企业。Flutter 在全球范围内被广泛应用，知名的大型公司越来越多地使用 Flutter 来开发应用，而且它的目标就是实现大前端领域（移动端、PC 端、Web 端）的应用开发，成为真正的高性能、跨平台技术方案。

Flutter 的不俗表现赢得了越来越多的开发者的青睐，很多开发者转型学习 Flutter 技术。在众多青睐者的推动下，Flutter 社区越来越完善，Flutter 官方也缩短了新性能的更新周期，关于 Flutter 的文档、资源、插件等越来越完善，所以我们有理由相信 Flutter 会越来越好，势必会成为更加成熟、更加主流的跨平台开发技术方案。

基于此，笔者想要把自己的 Flutter 开发的心得体会总结成书，来帮助读者从零开始，由浅入深地学习 Flutter 技术。这本书从大纲筹划到写作落地，再到后期内容的完善，笔者都非常认真地对待，投入了非常大的心血，为的就是不让读者失望。

本书由浅入深地介绍 Flutter 技术，几乎涵盖了 Flutter 开发涉及的所有核心知识点，体现了从零基础到精通学习的全过程。本书系统地讲解了 Flutter 技术的知识点，这些内容都是在实际开发中经常使用到的，既适合初学者，也适合专业的技术开发者。如果读者有移动端或前端开发经验，阅读本书体验会更好。本书各章内容相对独立，可以按照顺序阅读，也可以通过目录阅读需要的内容。

在这里笔者衷心希望读者能够认真学习 Flutter 技术，因为如果你能够学习并掌握一门有前景的新技术，那么你将极有可能成为该技术的领跑者，获得最大的收获。

希望通过这本书和大家一起成长和进步，让我们共同期待 Flutter 更好的前景！

Flutter开发领域有许许多多深奥的知识，笔者在写作过程中尽力涉及Flutter的各个方面，但是由于时间仓促，书中难免会存在一些疏漏和不足之处（鉴于本书的示例代码都是按照Flutter官方的组件库来介绍的，且Flutter的官方版本更新非常频繁，所以书中难免会有一些较早的使用方法等），敬请读者批评指正。读者可以通过电子邮箱 15290318915@163.com 与笔者沟通交流。另外，也欢迎读者关注笔者的微信公众号sanzhanggui777，笔者会定期分享一些技术文章。

▶ **温馨提示** 本书所涉及的源代码已上传到百度网盘，供读者下载。请读者关注封底"博雅读书社"微信公众号，找到"资源下载"栏目，输入图书 77 页的资源下载码，根据提示获取。

Contents

第 1 章
Flutter 概述

　　本章主要介绍移动端开发的发展史、Flutter 出现的背景、Flutter 的优缺点及 Flutter 框架，从而让读者了解 Flutter 技术，为学习 Flutter 开发做好前期铺垫工作。

通过本章学习，读者可以掌握如下内容。

- 移动端开发的发展史
- Flutter 简介
- Flutter 框架
- 为什么使用 Flutter

1.1　移动端开发的发展史

2008 年 6 月，苹果公司发布 iPhone 3G 手机，同年 9 月 HTC 与 Google、T-Mobile 同台发布首款 Android 商业智能手机 HTC Dream，标志着移动端（指的是 iOS 和 Android）开发发展期的开始。移动端开发的发展史，根据开发过程大致可分为 4 个阶段：原生开发阶段、Hybird 开发阶段、React Native/Weex 开发阶段、Flutter 开发阶段。

（1）原生开发阶段：原生开发，顾名思义就是使用原生语言（iOS 使用的是 Objective-C 或 Swift，Android 使用的是 Java 或 Kotlin）直接调用 SDK 开发的移动应用程序。同一款应用的相同功能需要编写和维护 iOS 和 Android 两套代码，在版本迭代时开发和维护成本都很高，而且应对紧急情况修复和新增功能的动态化能力很弱，尤其是 iOS 应用上架审核周期过长。针对原生开发遇到的问题，开发人员一直都在努力寻找好的替代方案。功夫不负有心人，经过不懈努力，随着 HTML5 的兴起，诞生了跨平台（特指 iOS 和 Android 两个平台）动态化框架，使移动端开发进入了 Hybird 开发阶段。

（2）Hybird 开发阶段：主要原理是将 App 需要动态改变的部分内容通过 HTML5 来实现，通过原生的网页加载控件 WebView 来加载，不仅实现了基于 HTML5 代码只需要开发一次就能同时在 iOS 和 Android 两个平台上正常运行，也解决了动态化需求。但是好景不长，Hybird 开发阶段就暴露出致命的缺陷——性能问题，尤其是难以满足复杂的用户界面或动画方面的需求。这就又引发了移动端开发发展的一次新的变革——React Native/Weex 开发阶段。

（3）React Native/Weex 开发阶段：React Native（简称 RN）开发阶段，在该阶段还有 Weex 等跨平台方案，但是原理都基本类似，不同之处是在语法层面，都是使用 JavaScript 开发的，把绘制相关的操作交给了原生平台，使用 JavaScript VM 的桥接原生控件进行操作，使性能提高不少。但是随后又暴露了新的问题，那就是桥的成本过高，如果遇到频繁的跨桥调用，就会出现新的性能问题，如 ListView 的无限滑动。除此之外，还有维护成本过高的问题，原因在于 RN 要桥接到原生控件，但是 iOS 和 Android 控件的差异造成 RN 无法统一 API，这就导致经常需要开发基于 iOS 和 Android 的两套插件，还要额外维护 RN 自身的内容，综合下来维护成本比基于原生开发还要高。这就导致这个阶段的跨平台操作失去了原有的本意，从而继续推动着移动端开发向前发展，接着 Flutter 开发阶段到来了。

（4）Flutter 开发阶段：Flutter 开发的出现，吸取了前几个阶段的经验教训，既不使用 WebView，也不使用原生控件进行绘制操作，而是 Flutter 自身实现了一套高性能渲染引擎 Skia 来绘制 UI。Skia 是 Google 公司的一个 2D 图形处理函数库，在字形、坐标转换及点阵图等方面都有着高效而又简洁的表现，并且支持跨平台，提供了友好的 API，这使 Flutter 技术很好地解决了跨平台开发代码复用和性能等问题，将很有可能成为移动端开发的终极解决方案。

1.2　Flutter简介

Flutter 是 Google 公司发布的一个用于创建跨平台、高性能的移动端应用的 UI 框架，可以在 iOS 和 Android 上快速搭建原生用户界面。鉴于 Flutter 良好的性能及完全免费和开源，在全球范围内，Flutter 已经被越来越多的开发者和组织机构所使用。

2018 年 5 月，Google 在 I/O 大会上正式发布 Flutter 后，Flutter 的热度一路飙升。在 Stack Overflow 2020 年的全球开发者问卷调查中，Flutter 仍然排在最受开发者欢迎的框架的前列。

Flutter 诞生和发展的过程如下。

2015 年 4 月底，Flutter 的前身 Sky 在 Dart Developer Summit（Dart 开发者大会）上展示发布。

2015 年 11 月，Sky 被重新命名为 Flutter。

2017 年 5 月，在 Google 的 I/O 大会上，Google 对外介绍了 Flutter 的相关情况，但并没有正式发布 Flutter。

2018 年 2 月，在 Mobile World Congress（MWC，世界移动通信大会）上，Google 发布了 Flutter 的第一个 beta 版本。同年 5 月，在 Google 的 I/O 大会上，Google 发布了 Flutter 的 beta 3 版本。

2018 年 6 月，在 Global Mobile Tech Conference（GMTC，全球移动技术大会）上，Google 发布了 Flutter 的首个预览版。

2018 年 12 月，在 Flutter Live 上，Google 发布了 Flutter 1.0 稳定版，标志着 Flutter 已经相对完善，可以投入生产环境，将 Flutter 的发展推向新的阶段。

2019 年 2 月，在 MWC 上，Google 发布了 Flutter 的第二个稳定版本 Flutter 1.2.1。

2019 年 5 月，在 Google 的 I/O 大会上，Google 发布了 Flutter 的第三个稳定版本 Flutter 1.5.4-hotfix.2。

2020 年 5 月，Google 发布了 Flutter 的 2020 年的第一个稳定版本 Flutter 1.17。

2021 年 3 月，在线上举行的 Flutter Engage 活动上，Google 发布了 Flutter 的重大升级版本 Flutter 2.0，主要变革是对桌面和 Web 应用程序的支持。

2021 年 5 月，在 Google 的 I/O 大会上，Google 发布了 Flutter 2.2 版本，它是 Flutter 目前为止最好的版本。

由此可见，Google 对 Flutter 的重视，让 Flutter 的生态圈不断地完善，使 Flutter 不断走向成熟和壮大，这就是 Flutter 是目前最流行的跨平台开发框架的原因所在。

1.3　Flutter框架

Flutter 框架，其实是一个跨平台的移动端开发框架，使用的是 Dart 语言，它通过 Dart 实现的

SDK。它与RN最大的不同在于，Flutter框架并不是一个严格意义上的原生应用开发框架。

Flutter框架分为两部分：Flutter Framework 和 Flutter Engine。

（1）Flutter Framework：是一个由Dart实现的SDK，实现了一套基础库，包含Foundation、Animation、Painting、Gestures、Rendering、Widgets、Material和Cupertino等，这些库的具体使用方法会在本书后面做介绍。

（2）Flutter Engine：是一个由C++实现的SDK，其中包含了Skia引擎、Dart运行时、文字排版引擎等，在代码调用dart:ui库时，调用最终会走到Engine层，然后实现真正的绘制逻辑。

1.4　为什么使用Flutter

Flutter有Google强大的后盾做支撑，有着越来越成熟的版本和完善的生态，这就决定了Flutter具有其他框架不可比拟的特点。

Flutter的优势如下。

（1）高效率开发：Flutter的热重载可以快速高效地进行开发。在移动端（iOS或Android）模拟器或真机上面可以实现毫秒级的热重载，比传统的原生编译时间要快得多，节省了大量等待时间。

（2）堪比原生的性能和流畅度：Flutter是直接在原生平台上重写UIKit，对接到平台底层，减少了UI层的多层转换，在滑动和动画播放方面尤为明显。

（3）优秀的动画设计：可以创建视觉效果很好的用户可设置界面，Flutter内置的控件为用户带来丰富、全新的体验。

基于以上几点，你是否还对Flutter技术持有怀疑态度？对于Flutter的未来怎样，答案在你心中自有分晓。那么，还在担心什么？让我们一起开始Flutter的学习吧！

1.5　小结

本章主要介绍了移动端开发的发展史、Flutter的诞生及发展史、Flutter的框架及优势。接下来，我们将进入Flutter开发，在下一章中我们会学习Flutter环境搭建相关的知识。

第 2 章
初识 Flutter

本章主要介绍 Flutter 开发环境的搭建、Flutter 项目的创建和目录结构、Flutter 程序调试及热重载等，让读者对 Flutter 项目有一个整体、清晰的认识。

通过本章学习，读者可以掌握如下内容。

- 搭建开发环境
- Flutter 升级
- 创建 Flutter 示例项目
- 项目目录结构说明
- 程序调试
- 体验热重载

2.1　搭建开发环境

Flutter 可以跨平台运行在 Windows、macOS、Linux 等系统上。接下来介绍如何在 Windows、macOS 系统上搭建 Flutter 的开发环境，以及检查 Flutter 开发环境。

搭建开发环境分为以下 7 步。

（1）下载 Flutter SDK。

（2）设置镜像地址及环境变量。

（3）安装与设置 Android Studio。

（4）安装 Visual Studio Code 与 Flutter 开发插件。

（5）IDE 的使用和配置。

（6）安装 Xcode。

（7）检查 Flutter 开发环境。

2.1.1　下载 Flutter SDK

到 Flutter 官网下载最新的 SDK，macOS 版本下载界面如图 2.1 所示。

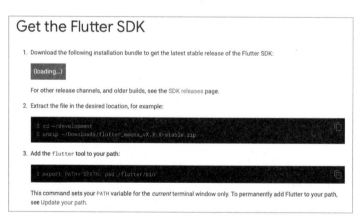

图 2.1　macOS 版本下载界面

Windows 版本下载界面如图 2.2 所示。

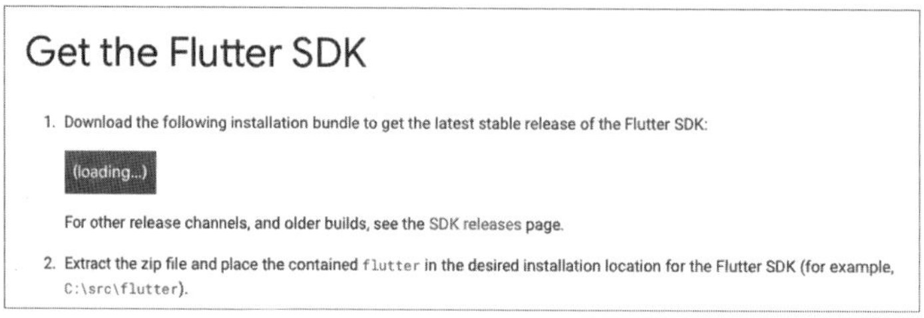

图 2.2　Windows 版本下载界面

由于在国内访问 Flutter 官网有时会受到限制造成无法访问，因此可以去 Flutter GitHub 主页下载 SDK，地址是 https://github.com/flutter/flutter/releases，选择下载最新的 ZIP 包即可，如图 2.3 所示。

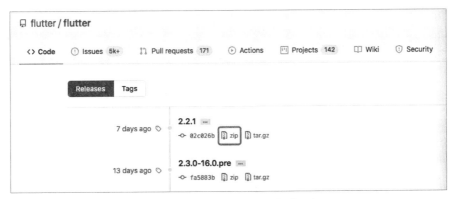

图 2.3　Flutter GitHub 主页

下载 ZIP 包后，把 ZIP 安装包解压到想要安装 Flutter SDK 的文件目录（如 C:\src\flutter）下即可，切记不要把 Flutter SDK 安装到需要某些高级权限的路径上，如 C:\Program Files\ 或 C:\Program Files（x86）。

2.1.2　设置镜像地址及环境变量

由于在国内访问 Flutter 官网有时会受到限制，Flutter 官方为国内开发者搭建了临时镜像，需要添加如下环境变量。

```
export PUB_HOSTED_URL=https://pub.flutter-io.cn
export FLUTTER_STORAGE_BASE_URL=https://storage.flutter-io.cn
```

注意，此镜像为临时镜像，不能保证一直可用，读者可以参考 Flutter GitHub 主页 https://github.com/flutter/flutter/wiki 来获得有关镜像服务器的最新动态。

想要运行 Flutter 命令，还需要将 Flutter SDK 的全路径（如 \flutter\bin）设置到环境变量 PATH 中，具体设置方法如下。

在 macOS 中设置镜像地址，具体步骤如下。

（1）打开 macOS 自带终端，并输入命令行 vi ./.bash_profile。

（2）添加下面的 Flutter 相关工具到 PATH 中。

```
export PATH=$PATH: [你计算机本地安装 Flutter 的路径]/flutter/bin
```

（3）设置完上述变量后，输入使其生效的命令。

```
Source ./.bash_profile
```

（4）检查设置是否成功，输入以下命令行。

```
echo $PATH
```

2.1.3 安装与设置Android Studio

安装与设置Android Studio的具体步骤如下。

（1）去Android开发者官网下载并安装Android Studio。安装完成后，启动Android Studio，根据安装向导的指示步骤安装最新的Android SDK及与Flutter相关的工具。

（2）进入Android Studio的设置界面，选择"Android Studio → Preferences... → Plugins"选项，安装Flutter Plugin和Dart Plugin，如图2.4所示。

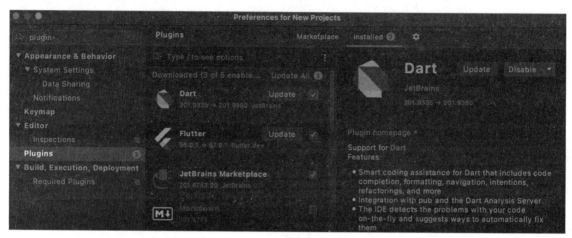

图 2.4　Plugins设置界面

（3）在Plugins设置界面中，搜索"flutter"，单击"Install"按钮进行安装，如图2.5所示。

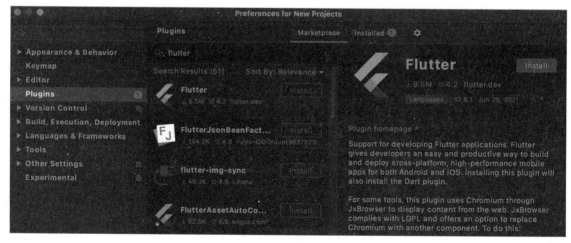

图 2.5　安装Flutter

（4）接着继续在Plugins设置界面中搜索"dart"，单击"Install"按钮进行安装。

（5）安装完成后，重启Android Studio，会出现一个"Create New Flutter Project"选项，说明已经安装成功了，可以直接创建Flutter项目了，如图2.6所示。

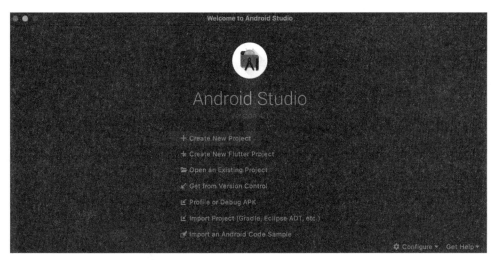

图 2.6　Android Studio 创建 Flutter 项目选项

2.1.4　安装 Visual Studio Code 与 Flutter 开发插件

安装与设置 Visual Studio Code（简称 VS Code）的具体步骤如下。

（1）去 VS Code 官网根据计算机系统下载并安装对应的 VS Code，Windows 和 macOS 的安装步骤大同小异，这里不再赘述。安装完成后，启动 VS Code，打开的界面如图 2.7 所示。

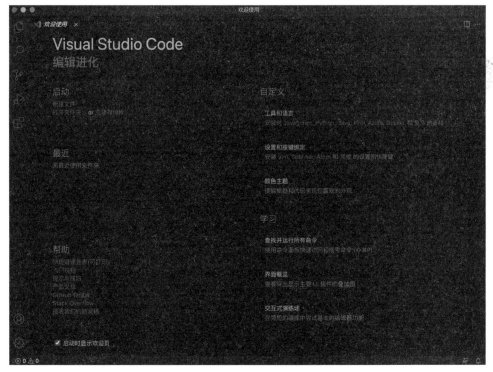

图 2.7　VS Code 打开界面

（2）进入 VS Code 的打开界面后，选择左侧的"Extensions → Search Extensions"选项，搜索"flutter"，单击"安装"（或"Install"）按钮安装 Flutter 开发插件，如图 2.8 所示。

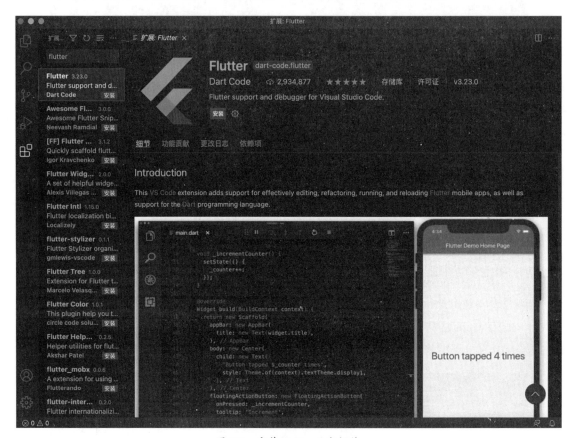

图 2.8　安装 Flutter 开发插件

（3）同理，继续在 Search Extensions 设置界面中搜索"dart"，单击"安装"（或"Install"）按钮进行安装。

2.1.5　IDE的使用和配置

Flutter 官方推荐的编辑器有两个——VS Code 和 Android Studio，以便获得更好的开发体验。

通过 IDE 和插件可以实现代码补全、语法高亮、编辑辅助、运行和调试等功能，极大地提高了开发效率。

对于 Flutter 官方推荐的上述两个编辑器，根据程序调试及开发的便捷性，建议使用 Android Studio 编辑器。

2.1.6　安装Xcode

如果要给 iOS 开发 Flutter 应用程序，需要一台 macOS 系统的计算机，并且安装 Xcode。在

macOS 系统上安装 Xcode 的步骤很简单，直接在 macOS 系统自带的 App Stroe 上搜索 "Xcode"，然后一键安装即可。

2.1.7 检查 Flutter 开发环境

经过上述几节的安装操作，关于 Flutter 开发环境的搭建工作已经结束，但是在开启 Flutter 开发旅程前，需要检查一下 Flutter 开发环境是否正常。

在终端中输入命令行 flutter doctor，会在终端窗口中显示如下报告信息。

```
Doctor summary (to see all details, run flutter doctor -v):
[√] Flutter (Channel stable, 2.0.4, on macOS 11.2.3 20D91 darwin-x64, locale
    zh-Hans-CN)
[√] Android toolchain - develop for Android devices (Android SDK version
    30.0.3)
[√] Xcode - develop for iOS and macOS
[√] Chrome - develop for the web
[√] Android Studio (version 4.1)
[√] VS Code (version 1.57.1)
[√] Connected device (1 available)
    •No issues found!
```

输出结果显示没有缺少的环境，若出现红色叉号，就需要我们解决环境问题。

 ## 2.2 Flutter 升级

升级 Flutter SDK 其实很简单，只需要在终端中输入一句命令，具体如下。

```
flutter upgrade
```

该命令会同时更新 Flutter SDK 和 Flutter 项目依赖包。如果不想同时更新，只想更新 Flutter 项目依赖包，则可以直接使用如下命令。

（1）flutter packages get：获取项目所有依赖包。

（2）flutter packages upgrade：获取项目所有依赖包的最新版本。

 ## 2.3 创建 Flutter 示例项目

本书使用 Android Studio 编辑器来创建 Flutter App。打开 Android Studio，单击 "Create New Flutter Project" 链接，如图 2.9 所示。

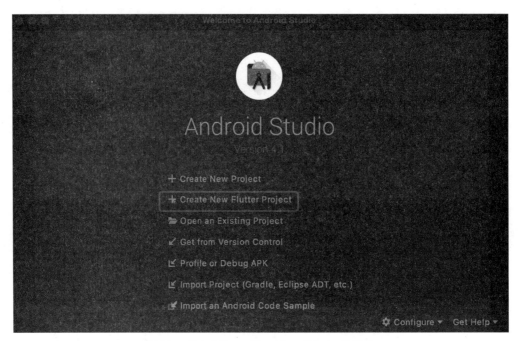

图 2.9　单击 "Create New Flutter Project" 链接

在打开的界面中选择 "Flutter Application" 选项，然后单击 "Next" 按钮，如图 2.10 所示。

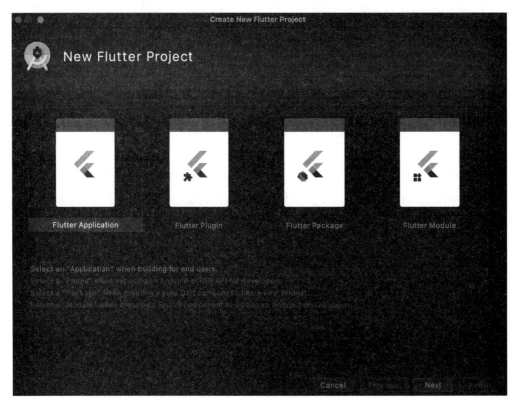

图 2.10　选择 "Flutter Application" 选项

在打开的 New Flutter Application 界面中依次填写 Project name、Flutter SDK path、Project location，最好选中"Create project offline"复选框，这样项目在线下运行速度快，然后单击"Next"按钮，如图 2.11 所示。

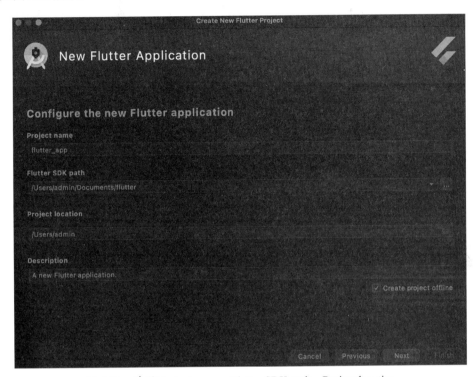

图 2.11　填写 Project name、Flutter SDK path、Project location

接着进入设置包名的界面，直接在"Package name"文本框中输入包名，也就是我们创建的 App 的包名，下面两项可以勾选也可以不勾选，根据实际情况来选择，操作后单击"Finish"按钮，这样第一个 Flutter App 就创建成功了，如图 2.12 所示。

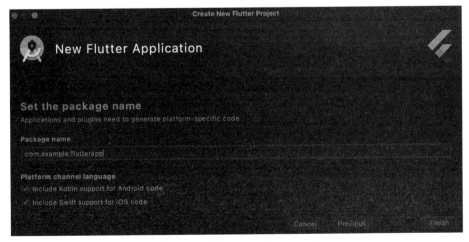

图 2.12　设置 Flutter App 的包名

2.4 项目目录结构说明

创建好的 Flutter App 项目目录结构如图 2.13 所示。

项目目录结构分析如下。

（1）android：原生 Android 代码目录。

（2）ios：原生 iOS 代码目录。

（3）lib：Flutter App 核心目录，编写的 Flutter 代码就放在该目录下，可以在该目录下创建子目录。

（4）test：测试代码目录。

（5）pubspec.yaml：放置 Flutter 项目依赖的配置文件，我们将在后面的学习过程中具体讲到。

图 2.13　项目目录结构

2.5 程序调试

接下来讲解如何在 iOS 设备（设备指的是手机真机和模拟器）和 Android 设备上调试运行 Flutter App 应用程序。

2.5.1　iOS 手机调试

直接使用 iOS 模拟器查看程序效果，因为模拟器的效果和真机效果是一样的。打开 Android Studio 编辑器的顶部工具栏，如图 2.14 所示。

图 2.14　Android Studio 编辑器的顶部工具栏

在选择设备中选择"Open iOS Simulator"选项创建 iOS 模拟器，如图 2.15 所示。

图 2.15　创建 iOS 模拟器

iOS 模拟器创建成功后，单击"运行"按钮，运行效果如图 2.16 所示。

此时单击模拟器右下角的"+"按钮，屏幕中的数字会加 1，该效果的实现是在 lib 目录下的 main.dart 文件中。

```
void main() {
  runApp(MyApp());
}
```
这里是入口函数，运行 MyApp。MyApp 类如下。
```
class MyApp extends StatelessWidget {
  //This widget is the root of your application
  @override
  Widget build(BuildContext context) {
    return MaterialApp(
      title: 'Flutter Demo',
      theme: ThemeData(
        //This is the theme of your application
        primarySwatch: Colors.blue,
      ),
      home: MyHomePage(
        title: 'Flutter Demo Home Page'),
    );
  }
}
```

图 2.16　iOS 模拟器运行效果

其中，MaterialApp 表示使用 Material 风格组件（第 4 章会详细讲解 Material 风格组件）；title 是标题；theme 是主题；home 是首页，当前加载的是 Widget。示例中加载的是 MyHomePage，具体如下。

```
class MyHomePage extends StatefulWidget {
  MyHomePage({Key key, this.title}) : super(key: key);
  final String title;
  @override
  _MyHomePageState createState() => _MyHomePageState();
}
```

在 createState() 方法中创建了 _MyHomePageState，具体如下。

```
class _MyHomePageState extends State<MyHomePage> {
  int _counter = 0;
  void _incrementCounter() {
    setState(() {
      _counter++;
    });
  }
```

```
@override
Widget build(BuildContext context) {
  return Scaffold(
    appBar: AppBar(
      title: Text(widget.title),
    ),
    body: Center(
      child: Column(
        mainAxisAlignment: MainAxisAlignment.center,
        children: <Widget>[
          Text(
            'You have opened the button this many times:',
          ),
          Text(
            '$_counter',
            style: Theme.of(context).textTheme.headline4,
          ),
        ],
      ),
    ),
    floatingActionButton: FloatingActionButton(
      onPressed: _incrementCounter,
      tooltip: 'Increment',
      child: Icon(Icons.add),
    ),
  );
}
}
```

其中，_counter 属性就是示例中模拟器上面展示的数字；_incrementCounter() 方法是对 _counter 执行加 1 的操作，单击 "+" 按钮调用该方法；setState() 方法中加 1 会更新到 App 界面上；Scaffold 是和 Material 一起搭配使用的控件；AppBar 是顶部区域；body 是 AppBar 下面的区域；Center 是容器类的控件，它里面的子控件居中展示；Column 是容器类的控件，它的子控件竖直排列；Text 是文本控件；FloatingActionButton 是按钮控件。

上面这些控件和方法会在后面的章节中一一具体介绍。

2.5.2 Android 手机调试

Android 设备的运行步骤与 iOS 设备的运行步骤基本一致。同样，打开 Android Studio 编辑器的顶部工具栏，选择 Android 模拟器。如果还没有安装 Android 模拟器，可以直接在 Android Studio 编辑器的顶部工具栏中单击 "AVD Manager" 按钮，如图 2.17 所示。

图 2.17　打开 AVD Manager

在打开的 Android Virtual Device Manager 管理界面中创建 Android 模拟器，如图 2.18 所示。

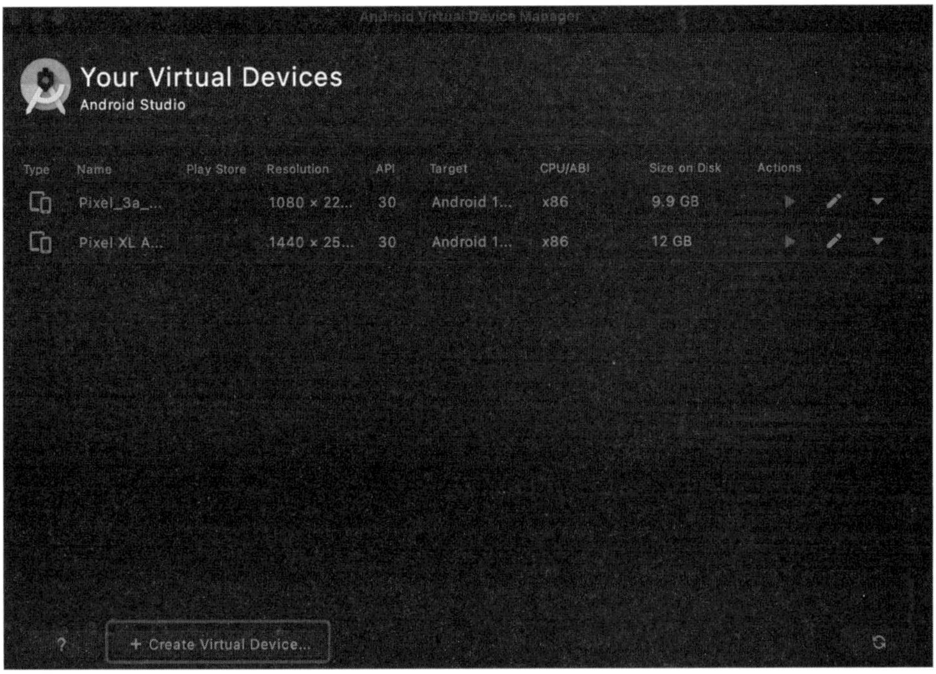

图 2.18　创建 Android 模拟器

最后在选择设备中选择创建成功的 Android 模拟器，如图 2.19 所示。

图 2.19　选择 Android 模拟器

直接单击"运行"按钮，App 在 Android 模拟器上的运行效果，如图 2.16 所示。

体验热重载

打开Flutter App核心目录lib中的main.dart文件，然后将字符串"You have pushed the button this many times:"更改为"You have opened the button this many times:"，如图2.20所示。

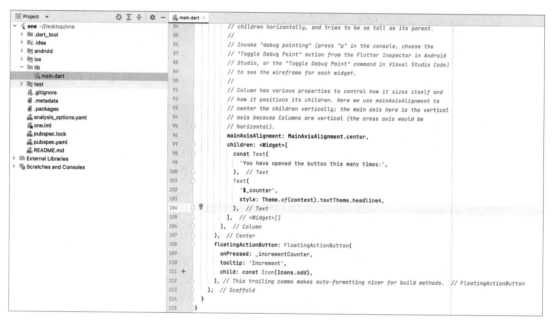

图2.20 修改字符串信息

不单击"Stop"按钮，让程序继续运行。想要查看刚才的修改，直接调用保存（组合键command+S/control+S，这里以macOS系统的快捷键为例），或者直接单击"热重载"按钮（绿色箭头按钮），就会立即在运行的程序中看到更新后的字符串，此处不再赘述。

2.7 小结

本章主要介绍了Flutter开发环境的搭建、Flutter项目的创建、Flutter程序调试等基本操作，以方便读者从整体角度来了解Flutter项目。在下一章中我们会继续学习Flutter的关键基础知识。

第 3 章

Dart 语言简介

Dart 语言是 Google 推出的一门开源的编程语言，代码风格像是 Java 和 JavaScript 的结合版本，所以学习难度并不是太大。Flutter 采用了 Dart 语言开发，本章将主要介绍 Dart 语言的基础语法，让读者了解 Flutter 开发的业务逻辑。

通过本章学习，读者可以掌握如下内容。

- Dart 语言
- Dart 的内置数据类型
- 变量和常量的声明
- 函数定义
- 条件表达式和运算符
- 分支和循环
- 定义类
- 导入包
- 异常捕获
- 异步操作
- 泛型
- 注释

3.1 Dart语言

Dart 语言是面向对象的、类定义的、单继承的语言。

3.1.1 Dart是什么

Dart 是由 Google 公司开发的一门开源的编程语言，于 2011 年 10 月 10 日发布。

3.1.2 Dart的特性

Dart 语言吸收了编程语言大部分的优点和特性，并且拥有自己的 Dart VM，一般运行在自己的 VM 上，但是在特定情况下还会编译成 Native Code 运行在硬件上面，这样 Flutter 就可以编译成 Native Code 来提高性能。

3.1.3 Dart的机制

Dart 的内存管理机制：将内存管理分为新生代和老年代。通常初次分配的对象都位于新生代中，该区域主要是存放内存较小并且生命周期较短的对象，比如局部变量。在新生代的 GC（内存回收）中"幸存"下来的对象，它们会被转移到老年代中。老年代存放生命周期较长、内存较大的对象，而且老年代通常比新生代要大很多。

Dart 的消息循环机制：Dart 的"线程"（Isolate）是不共享内存的，各自的堆（Heap）和栈（Stack）都是隔离的，并且是各自独立 GC 的，彼此之间通过消息通道来通信。

 3.2 Dart的内置数据类型

Dart 中常用的数据类型有 String、int、double、bool、List、Map，具体说明如表 3.1 所示。

表 3.1 Dart常用的数据类型

数据类型	说明
String	字符串类型
int	整型，范围为 $-2^{53} \sim 2^{53}$
double	64 位双精度浮点数
bool	布尔类型

续表

数据类型	说明
List	列表
Map	键值映射，相当于 Java 中的 HashMap

3.2.1 字符串类型

Dart 字符串（String 对象）包含了 UTF-16 编码的字符序列，可以使用单引号或双引号来创建字符串。

```
var str1 = 'Single quotes.';
var str2 = "Double quotes.";
```

在字符串中，要以 ${表达式} 的形式使用表达式，如果表达式是一个标识符，可以省略 {}。如果表达式的结果为一个对象，则 Dart 会调用该对象的 toString() 方法来获取一个字符串。

```
var str3 = 'string insert';
assert('Dart has $str3.');
assert(''${str3.toUpperCase()} is very handy!');
```

3.2.2 数值类型

Dart 支持两种数值类型：int 和 double。

（1）int：整型，长度不超过 64 位，允许的取值范围为 $-2^{53} \sim 2^{53}$。整型是不带小数点的数字，下面是定义整型字面量的方法。

```
var num1 = 1;
var num2 = 0xDEADBEEE;
```

（2）double：64 位双精度浮点数。若数字中包含小数点，那么它就是浮点型，下面是定义浮点数字面量的方法。

```
var num3 = 1.2;
var num4 = 1.41e4;
```

3.2.3 布尔类型

Dart 通过 bool 关键字来表示布尔类型，布尔类型只有两个对象：true 和 false。下面是定义布尔类型字面量的方法。

```
var bo1 = true;
```

3.2.4 列表类型

数组（Array）是几乎所有编程语言中最常见的集合类型，在 Dart 中数组由 List 对象表示，通常称之为 List。下面是定义 List 字面量的方法。

```
var list1 = [1, 2, 3, 4, 5, 6];
var list2 = ['Apple', 'Banana', 'Cherry', 'Durian'];
```

3.2.5 字典类型

通常来说，Map 是用来做键值映射，关联 keys 和 values 的对象。每个键只能出现一次，但是值可以重复出现多次。下面是定义 Map 字面量的方法。

```
var map1 = {
  //Key:  Value
  'a': 'apple',
  'b': 'banana',
  'd': 'durian'
};

var map2 = {
  3: 'ccc',
  6: 'fff',
  11: 'kkk',
};
```

3.3 变量和常量的声明

定义变量的方法如下。

```
// 显式定义
int aa; // 默认值为 null
int bb = 0;
String cc = "";

// 隐式定义
var dd = 0;
dd = 2;
```

```
dd = ",";   // 错误操作, dd 已经被定义为 int 类型, 这里不能再赋值字符串类型
var ee = " ";
```

使用 var 关键字定义的变量, 不指定类型, 通过系统自动判断, 赋值后确定类型, 不能再次改变。建议在编码时使用显式定义变量, 这样可以提高代码的可读性。

定义常量的方法有两种: 一种是使用 final 关键字, 另一种是使用 const 关键字。定义常量的方法如下。

```
final int ff = 8;
const POINT = 3.1415;
```

虽然 final 和 const 二者都能定义常量, 但是它们还是有不同的: final 定义的是运行时常量, 也就是它的值可以是一个变量; 而 const 定义的是编译时常量, 它必须是一个字面常量。

 ## 3.4 函数定义

在 Dart 中定义函数大致与 Java 相同, 但是多了一些高级特性。下面介绍普通函数、可选参数、匿名函数、箭头函数。

3.4.1 普通函数

定义一个普通的减法函数:

```
int subtraction(int a, int b) {
  return a - b;
}
```

上面的函数包含返回类型、函数名称、参数类型、参数名称, 具体格式如下。

[返回类型] 函数名称 (参数类型 参数1, 参数类型 参数2, ...) { 函数体 }

虽然 Dart 中函数的返回类型可以省略, 但是为了提高代码的可读性, 建议不要省略。

3.4.2 可选参数

Dart 函数支持可选参数, 使用大括号 "{}" 代表可选参数, 定义函数时使用 {param1, param2, ...}, 可选参数要设置默认值, 具体用法如下。

```
int subtraction1(int a, int b, {int c = 0}) {
  return a - b - c;
}
```

方法的调用如下。

```
subtraction1(2, 1);
subtraction1(2, 1, c: 3);
subtraction1(a = 2, b = 1, c: 3);
```

上述三种方法的调用都可以使用，但是当参数较多时，建议使用第三种方式，以便提高代码的可读性。

3.4.3　匿名函数

一般情况下，创建的函数都是有函数名称的，但也可以创建没有函数名称的函数，这种没有函数名称的函数称为匿名函数。其实匿名函数很常见，也有不同的叫法，在 C++ 中叫 Lambda 表达式，在 Objective-C 中叫 Block 闭包。匿名函数的具体用法如下。

```
var function = (int a, int b) {
  return a - b;
}
```

上面定义的这个匿名函数，把它赋值给 function 变量，方法的调用与正常函数一样，具体用法如下。

```
function(2, 1);
```

3.4.4　箭头函数

在 Dart 中还有一种函数的简写形式，那就是箭头函数。箭头函数是指能包含一行表达式的函数，可以省略大括号"{}"，使用箭头"=>"来进行缩写，箭头函数更有助于提高代码的可读性，与 Kotlin 或 Java 中的 Lambda 表达式 -> 的写法类似。箭头函数的具体用法如下。

```
int subtraction2(int a, int b) => a-b;
```

也可以把匿名函数和箭头函数组合起来使用，具体用法如下。

```
var function1 = (int a, int b) => a-b;
```

3.5　条件表达式和运算符

Dart 内置了一些基本的运算符，如加、减、乘、除、取余，这些常见的基本运算符比较容易理解。下面将重点介绍判定操作符、三目运算表达式、级联运算符、非空判断符。

3.5.1 判定操作符

判定操作符如表 3.2 所示。

表 3.2 判定操作符

操作符	说明
is	某个变量是不是指定的类型，若是，则返回 true
is!	与 is 相反
as	用于类型转换

表 3.2 中的操作符的用法如下。

```
int aa = 0;
if(aa is int) { // 如果 aa 是 int 类型
  String string = (aa as int).toString(); // 将 aa 转换为 int 类型
}
```

as 类似 Java 中的 instanceof，在使用它时需要在其前面加上 is 判断，否则一旦无法转换将会抛出异常。

3.5.2 三目运算表达式

Dart 语言中的三目运算表达式是比较重要的，它经常与 Flutter 中的 state 状态管理结合使用，来判断组件的状态，具体用法如下。

```
judgeCondition ? expr1 : expr2
```

上面的语句表示如果 judgeCondition 为 true，就执行 expr1，否则执行 expr2。

3.5.3 级联运算符

在正常情况下，可以通过 "." 操作符来访问对象的方法。但在 Dart 中是通过 ".." 操作符达到链式调用的效果，具体用法如下。

```
Student().setGender()..setAge();
```

3.5.4 非空判断符

非空判断符的使用，即 "expr1 ?? expr2" 表示如果 expr1 不为 null，就返回 expr1，否则返回 expr2，具体用法如下。

```
var aa = "Dart";
var bb = " 混合开发 ";
var cc = aa ?? bb;
print(cc);   // 返回结果: Dart
```

3.6 分支和循环

Dart 语言中常用的分支和循环语句包括 if···else、switch、for 循环、while 循环、List 遍历、Map 遍历。

3.6.1 if···else

Dart 支持 if 及 else 的多种组合，二者组合是条件判断语句，若 if 后的表达式为 true，则执行 if 下面的代码块，Python、Java、C++ 都有类似的操作，具体用法如下。

```
if(aaa < 0) {
  // 满足 aaa < 0的条件
}else if(aaa == 0) {
  // 满足 aaa == 0的条件
}else {
  // 其他条件
}
```

3.6.2 switch

switch 本意是开关，switch 语句的作用就是把指定类型的变量，按值来分别做相应的逻辑处理，switch 语句也可以用来代替 if 语句，很多高级语言也都有 switch 语句。switch 语句的一般格式如下。

```
switch(参数) {
  case 常量表达式1: break;
  case 常量表达式2: break;
  default: break;
}
```

若没有 case 语句匹配上，则 default 语句就会被执行；若某个 case 语句匹配上，则执行该 case 后面的语句块，且该 case 语句块后面没有 break 关键字，则会执行后面的 case 语句块和 default，直到遇到 break 或右大括号，具体用法如下。

```
switch(bbb) {
  case 1: // 满足 bbb == 1
```

```
break;
case 2: // 满足 bbb == 2
break;
case 3: // 满足 bbb == 3
break;
default: // 满足其他条件
break;
}
```

3.6.3　for循环和while循环

for循环语句，基本上所有的高级语言中都有它的身影，而且写法也大同小异。for循环通常用于遍历数组、集合中的元素。for循环语句的一般格式如下。

```
for( 单次表达式 ; 条件表达式 ; 末尾循环体 ) {
  //for 循环的循环体
}
```

for循环小括号中的第一个分号前面为一个不参与循环的单次表达式，其可作为某一变量的初始化赋值语句，用来给循环控制变量赋初始值。若条件表达式为true，则执行 for 循环的循环体；若为false，则退出循环体，具体用法如下。

```
for(int i = 0; i < 9; i++) {
  // 符合 for 循环条件
}
```

while循环语句和for循环语句有点类似，都是用于循环执行某段逻辑，以便于后续操作，while循环语句的一般格式如下。

```
while( 条件表达式 ) {
  // 循环体
}
```

若while的条件表达式为true，则执行循环体；若为false，则退出循环体，具体用法如下。

```
int ccc = 0;
while(ccc > 9) {
  ccc++;  // 满足 ccc > 9 的条件
}
```

do…while表达式与while的最大不同在于，do…while会先执行循环体，然后再判断表达式，表达式为true，则执行循环体；表达式为false，则退出循环体，具体用法如下。

```
int ccc = 0;
do {
  ccc++; // 先执行循环体再判断表达式
}while(ccc > 9);
```

3.6.4 List遍历

List遍历可以使用两种方式，一种是 List 的系统函数，另一种是 for…in 方式。使用 for 和 list. forEach 遍历 List，具体用法如下。

```
for(var ddd in list) {
  // 遍历 List
}
list.forEach((ddd) {
  // 遍历 List
});
```

3.6.5 Map遍历

Map用来保存 key-value 键值对的数据集合，与 Object-C 中所说的字典一致，分为无序的 HashMap、key 的插入顺序的 LinkedHashMap、按 key 的排序顺序的 SplayTreeMap，可以使用 for 和 map.forEach 遍历 Map，具体用法如下。

```
for(var key in map.keys) {
  print("key:$key, value:${map[key]}"); // 输出 key 和 value
}
map.forEach((key, value) {
  print("key:$key, value:$value"); // 输出 key 和 value
});
```

3.7 定义类

Dart 使用 class 关键字定义类，这一点和 Java 类似。下面介绍定义类的相关知识点。

3.7.1 构造函数

在 Dart 中定义一个 class 和在 Java 中基本一致，具体用法如下。

```
class Student {
  String name;
  String age;

  Student(String name, String age) {
    this.name = name;
    this.age = age;
```

```
  }
}
```

但是在 Dart 中定义 class 有一种简便写法，具体用法如下。

```
class Student {
  String name;
  String age;
  Student(this.name, this.age);
}
```

若不需要在构造函数中做特殊处理，可以使用简便的定义 class 的写法；若没有定义构造函数，则会有一个默认的无参构造函数。

3.7.2 运算符重载

运算符重载在 Dart 中指的是类的运算符重载，主要作用是当我们想让两个对象相减，然后得出相关属性的相减，默认情况下是没有对象相减这个功能的，这时就可以用重载 "-" 运算符完成上述功能，具体用法如下。

```
class Student {
  String name;
  String age;
  Student(this.name, this.age);
  operator -(Student student) {
    return Student(student.name, this.age-student.age);
  }
}
```

实现类的运算符重载只需要使用 operator 关键字，具体用法如下。

```
var s1 = Student("张三", "28");
var s2 = Student("张三1", "26");
var s3 = s1 - s2;
```

Dart 语言允许重载的运算符如表 3.3 所示。

表 3.3　Dart 语言允许重载的运算符

数据类型	说明
+、-、*、/	加、减、乘、除
%	求余
^	位异或
~ /	取整
>、<、<=、>=	大于、小于、小于等于、大于等于

数据类型	说明
>>、<<	左移、右移
&、|	位与、位或
[]	列表访问
~	一元位补码

3.7.3　extends、with、implements、abstract的用法

1. extends

Dart类的继承使用extends关键字，只能继承一个类，具体用法如下。

```
class Student1 {}
class Student2 extends Student1 {}
```

子类重写父类的方法需要使用@override关键字，调用父类的方法需要使用super关键字，这样子类可以访问父类所有的变量和方法。

2. with

Dart语言中使用with关键字来继承多个类，具体用法如下。

```
class Student1 {
  String getName() {
    return "";
  }
}
class Student2 {}
class Student3 {}
class Student4 extends Student1 with Student2, Student3 {}
class Student5 with Student1, Student2 {}
```

3. implements

Dart语言中虽然没有interface关键字定义接口，但是Dart中每一个类都是一个隐式的接口，而且还包括类的所有方法、变量。所以，当我们想要实现一个类时，需要在子类中实现该类的方法、变量，具体用法如下。

```
class Student1 {
  String getName() {
    return "";
  }
}
```

```
}
class Student6 implements Student1 {
  @override
  String getName() {
    return null;
  }
}
```

4. abstract

在 Dart 中 abstract 关键字是定义抽象类的，子类继承抽象类时需要实现其抽象方法，具体用法如下。

```
abstract class Student7 {
  String getName();
  String getAge() {
    return "";
  }
}
class Student8 extends Student7 {
  @override
  String getName() {
    return null;
  }
}
```

3.7.4　定义私有变量

在 Dart 中没有 public、private 等修饰符，如果想要定义私有变量，就要在属性名称前面加上"_"。需要注意的是，这种定义私有变量的作用域只是当前的 Dart 文件，其他 Dart 文件无法访问，具体用法如下。

```
class Student1 {
  String name;
  int _age; // 私有变量
  Student1(this.name, this._age);
}
```

3.8　导入包

在 Dart 中使用 import 关键字来导入包，Dart 导入包分为 3 种形式。

（1）导入Dart标准库，使用的是"Dart:"前缀，具体用法如下。

```
import 'dart:math';
```

（2）导入包管理中的库，如Flutter的组件引用的第三方库，具体用法如下。

```
import 'package:flutter/material.dart';
```

（3）导入Flutter项目中的其他Dart文件，使用相对路径或绝对路径，具体用法如下。

```
import 'widgets/search.dart';
```

如果不同的包中含有相同的类名，造成在使用时无法区分，这时可以使用as关键字来进行区分，具体用法如下。

```
import 'widgets/search.dart';
import 'widgets/search1.dart' as search;
```

 ## 3.9 异常捕获

在Dart中使用try…on和try…catch关键字来捕获异常。这二者的区别在于，on捕获指定的异常，但是不能处理异常；catch不能捕获指定的异常，但是可以处理异常。catch的具体用法如下。

```
try {

  }catch (e, s) {
    // 不指定异常，捕获所有异常
    print("error:$e, stack:$s");
}
```

on的具体用法如下。

```
try {

  }on Exception {
    // 捕获指定异常，但不处理异常

}
```

通过上述对on和catch的对比讲解可以得出，一般情况下将on和catch一起结合使用，具体用法如下。

```
try {

  }on Exception catch(e) {
```

```
    // 捕获指定异常，并处理异常
    print("exception:$e");
}
```

无论有没有异常都需要执行代码时，可以使用 finally，具体用法如下。

```
try {

} catch(e) {
    // 捕获指定异常，并处理异常
    print("exception:$e");
} finally {

}
```

3.10 异步操作

在开发过程中对于一些耗时的任务，比如网络请求等，需要采用异步处理，否则会导致程序卡顿。Dart 中的异步操作可以使用 Flutter 和 async 来实现。

1. 使用 Flutter 来实现异步操作

使用 Flutter 来实现异步操作，Flutter 是 Dart 内置的，具体用法如下。

```
var future = Future(() {
    print('异步解决耗时任务');
});
```

创建一个延迟异步任务操作，具体用法如下。

```
var future1 = Future.delayed(Duration(seconds: 1), () {
    print('延迟异步任务操作');
});
```

上面两个异步任务都执行完成后再执行回调，具体用法如下。

```
Future.wait([future, future1]).then((vals) {
    //future、future1 都执行完成后再执行回调
});
```

2. 使用 async 来实现异步操作

使用 async 来实现异步操作，其实是通过 async 和 await 关键字组合来实现异步操作，这两个关键字是 Dart 1.9 版本中新加入的关键字，具体用法如下。

```
void do() async {
  print('async实现异步');
}
```

只需在函数的后面加async关键字。一般情况下，async和await是同时出现的，而且await必须在async的方法中，具体用法如下。

```
void do() async {
  return await "";
}
```

async修饰的方法会返回一个Future作为返回值，程序执行到await时会暂停执行该方法下面的代码，直到Future任务执行完成。

3.11 泛型

Dart语言有支持泛型的功能，这与Java是一样的。泛型通常是类型安全所必须的，指定泛型类型会生成更好的代码。例如，想要List只包括字符串，可以将其声明为List<String>，List<String>不能添加非字符串（String）类型的数据，具体用法如下。

```
List<String> list = List();
list.add('item');
list.add(123); // 报错，这里需要 String 类型
```

泛型能够约束一个方法使用相同类型的参数、返回相同类型的值，也能约束里面的变量类型，具体用法如下。

```
V getData<V>(V value) {
  return value;
}
getData<String>('456');
getData<int>(456);
```

泛型还能够约束类，创建一个带有泛型约束的类的具体用法如下。

```
class Demo<V> {
  V getKey(String key);
}
```

如果想要限制参数的类型，可以直接在实现泛型时使用extends，具体用法如下。

```
class Demo1<V extends Class> {
  ...
}
```

3.12 注释

Dart 语言支持多种注释形式，单行注释的用法如下。

```
// 单行注释
```

多行注释的用法如下。

```
/*
  行注释 1
  行注释 2
  行注释 3
*/
```

文档注释的用法如下。

```
/**
 * 文档注释
 */
```

Dart 语言中特有的注释，以三个斜杠开头，具体用法如下。

```
/// 三个斜杠开头
```

 3.13 小结

本章主要介绍了 Flutter 开发中常用的 Dart 基础知识，它是学习 Flutter 的基础。Dart 语言和其他高级语言很类似，如果你掌握了一门高级语言，学习 Dart 就会很简单。

第 4 章
Flutter 组件

　　本章主要介绍 Flutter 常用的基础组件，由于 Flutter 的组件库非常丰富，如果想要把全部的组件及相关属性讲清楚，会是一项非常艰巨的任务，况且 Flutter 一直在更新迭代，组件数量也在不断地增加，故本章主要讲解 Flutter 比较常用的组件和相关属性。针对不常用的组件，读者只要知道其存在即可，如若在使用中遇到，再查阅相关 API 文档也不迟。鉴于 Flutter 版本更新速度快、周期短，且 API 文档查阅使用不是很方便，这就需要掌握阅读源码及注解的学习技能，从而大大提高学习效率，及时跟上 Flutter 的更新节奏，更为后期的进阶知识做储备。

通过本章学习，读者可以掌握如下内容。

- Widget
- 状态管理
- 基础组件
- Material 风格组件
- Cupertino 风格组件
- 容器组件
- 滚动组件

4.1　Widget

Widget 是描述 UI 元素 Element 的配置数据；一个 Widget 可以对应多个 Element，也就是同一份配置，可生成多个 Element；每个 Element 都会对应一个 Widget。

4.1.1　Widget 的概念

Flutter 的 Widget 采用响应式框架来构建，这是从 React 中获得的灵感，核心思想是使用 Widget 来构建 UI。在 Flutter 中，几乎所有的对象都是一个 Widget，Widget 不仅可以表示 UI 元素，也可以表示一些功能性组件，如用于检测手势的 GestureDetector、用于 App 主题数据传递的 Theme 等。在后面的章节中，在描述 UI 元素时会用到"组件""控件"等概念。这些概念指的就是 Widget，只不过在不同的场景下描述不一样，所以可以把 Widget 当成控件来理解，不要局限于概念。

4.1.2　Widget 和 Element

在 Flutter 中，Widget 其实并不是表示最终绘制在设备屏幕上的显示元素，而只是显示元素的一个配置数据。那么，Flutter 中真正可以表示在设备屏幕上显示元素的是什么呢？那就是 Element，也就是说，Widget 只是显示 Element 的配置数据。在这里读者只要知道 Widget 只是 UI 元素的一个配置数据，且一个 Widget 可以对应多个 Element。因为同一个 Widget 对象可以被添加到 UI 树的不同部分，但在真正渲染时，UI 树的每个 Element 节点都会对应一个 Widget 对象。

4.1.3　StatelessWidget

在实现 Flutter App 时，我们会使用 Widgets 来构建 UI。这些 Widgets 其实有两种类型：Stateless 和 Stateful。由于整个 App 全部使用 Widget 来构建，所以在构建每个 Widget 时，都需要判断使用哪种状态，这就要求读者必须对状态有深入了解，才能确保每个决定都是准确无误的。

首先介绍一下 StatelessWidget，StatelessWidget 在 Flutter 中是一个不需要更改状态的 Widget，它没有需要管理的内部状态，数据不可变化。当你描述的用户界面部分不依赖于对象本身中的配置信息及 Widget 的 BuildContext 时，使用无状态 Widget 非常有用。Text、CircleAvatar 和 AboutDialog 都是 StatelessWidget 的子类，后面章节会讲到具体的用法。下面看一个简单的例子，具体如下。

```
//Flutter
import 'package:flutter/material.dart';


void main() => runApp(DemoStatelessWidget(text: "StatelessWidget Example"));
class DemoStatelessWidget extends StatelessWidget {
```

```
final String title;
DemoStatelessWidget ({Key key, this.title}) : super(key: key);

@override
Widget build(BuildContext context) {
  return Center(
    child: Text(
      title,
      textDirection: TextDirection.ltr,
    ),
  );
}
}
```

上面的示例就是使用了DemoStatelessWidget类的构造函数传递标记为final的title，使用final是为了防止被意外改变，这个类继承了StatelessWidget。

4.1.4 StatefulWidget

与StatelessWidget的作用相反，StatefulWidget是可变状态的Widget，但是与StatelessWidget一样继承自Widget类。StatefulWidget通过setState()方法管理StatefulWidget的状态改变，使用setState()方法告诉Flutter某个状态发生了改变，Flutter会重新运行build()方法，以使程序可以保持最新状态。

状态是在构建Widget时可以同步读取的信息，可能会在Widget的生命周期中发生变化，当Widget可以动态改变时，需要使用StatefulWidget。例如，通过输入表单来改变Widget的状态，或者根据数据改变来更新UI。TextField、Checkbox、Slider和InkWell都是有状态的Widget，也是StatefulWidget的子类，在后面章节中会讲到具体的用法。下面看一下声明StatefulWidget的例子，具体如下。

```
class DemoStatefulWidget extends StatefulWidget {
  DemoStatefulWidget({Key key, this.title}) : super(key: key);
  final String title;

  @override
  _DemoStatefulWidgetState createState() => _DemoStatefulWidgetState();
}
```

上面的示例就是创建可变状态的Widget的声明的方法。接下来再看一下通过_DemoStateful WidgetState实现Widget的build()方法，当状态改变时就会使框架在UI中重新创建此Widget，如当用户切换按钮时，使用新的切换值调用setState()方法，具体如下。

```
class _DemoStatefulWidgetState extends State < DemoStatefulWidget > {
  bool showTitle = true;
```

```
bool switchState = true;
Timer timer;

void switchBlinkState() {
  setState(() {
    switchState =! switchState;
  });
  var two = const Duration(milliseconds: 2000);
  if(switchState == false) {
    timer = Timer.periodic(tw0, (Timer t) {
      switchShowTitle ();
    });
  } else {
    timer.cancel();
  }
}


void switchShowTitle() {
  setState(() {
    showTitle =! showTitle;
  });
}


@override
Widget build(BuildContext context) {
  return Scaffold(
    body: Center(
      child: Column(
        children: <Widget>[
          (showTitle
            ?(Text('show title'))
            :(Container())
          ),
          Padding(
            padding: EdgeInsets.only(top: 40.0),
            child: RaisedButton(
              onPressed: toggleBlinkState,
              child: (switchState
                ?(Text('show'))
                :(Text('stop show'))
              )
            )
          )
        ],
      ),
    ),
```

```
  );
  }
```

4.1.5 State

从上一小节中可知，StatefulWidget的状态是可以改变的，需要通过createState()方法，接受一个State去改变StatefulWidget的状态。一个Widget在创建时就绑定了一个State，从Widget的创建到销毁一直都在，也就是说，StatefulWidget的类会对应一个State类，State表示其对应的StatefulWidget所需要维护的状态。通常在创建StatefulWidget时会这样写：

```
class DemoPage extends StatefulWidget {
  @override
  State<StatefulWidget> createState() {
    return HomePageState();
  }
}

class HomePageState extends State {
  @override
  void initState() {
    super.initState();
  }

  @override
  void didChangeDependencies() {
    super.didChangeDependencies();
  }

  @override
  Widget build(BuildContext context) {
  }
}
```

initState()方法是在创建State对象后需要调用的第一个方法，一般情况下用作初始化数据等操作。

didChangeDependencies()方法是在initState()方法执行完成后执行的第二个方法。

在StatefulWidget中自己控制自己的状态，调用State的setState()方法就可以直接改变。父类要改变子类的状态，只需要把父类改变状态的方法传递给子类，让子类去调用该方法即可。

4.2　状态管理

Flutter 作为响应式编程框架，避免不了要谈到状态（State）管理，为什么在 Flutter 开发中需要状态管理？本质是因为 Flutter 响应式的构建带来的一系列问题。传统原生开发采用控制式的构建，这与 Flutter 响应式的构建是两种完全不同的思路。

状态管理其实就是当某个状态发生改变时，告知使用该状态的状态监听者，让状态所监听的属性随之改变，从而达到联动效果。使用状态管理首先是为了方便数据的传递，减少不必要的成叠传递；其次是为了方便数据修改，从而修改所依赖的监听项。

当前市面上有很多好的关于 Flutter 状态管理的框架，如 provider、get、fish_redux 等，这里以 provider 为例介绍一下状态管理，具体如下。

（1）使用状态管理，需要在根部注入状态管理的类。

（2）根部管理状态，如 ChangeNotifierProvider(create: (_) => UserData())。

（3）在使用的地方 A 处可能会对 UserData 改变内容，当改变时，需要告知所有的注册监听器，使其内容随之变化，用 notifyListeners() 方法进行告知。

（4）最后在另外一处使用的地方 B 处使用 UserData，具体如下。

```
Consumer<UserData>(
  builder: (
    BuildContext context,
    UserData value, Widget child) { // 在这里 value 获取到 UserData 的值
    })
)
```

 ## 4.3　基础组件

Flutter 中的基础组件主要是用于处理文本和图片等基础操作，比如文本的输入和显示、图片的加载、按钮的设置等。

4.3.1　Text 组件

Flutter 中的 Text 组件是用来显示简单样式文本的组件，也是 Flutter 中最基本的组件之一。具体的 Text 源码构造函数如下。

```
class Text extends StatelessWidget {
  const Text(
```

```
String this.data, {// 显示的文本内容
Key? key,
this.style, // 文本样式，包含颜色、字体、大小等
this.strutStyle,
this.textAlign, // 文本对齐方式
this.textDirection, // 文本方向
this.locale,
this.softWrap, // 设置文本是否自动换行
this.overflow, // 文本内容截取方式
this.textScaleFactor,
this.maxLines, // 显示文本内容最大行数
this.semanticsLabel,
this.textWidthBasis,
this.textHeightBehavior,
}) : assert(
    data != null,
    'A non-null String must be provided to a Text widget.',
    ),
    textSpan = null,
    super(key: key);
}
```

从上面的源码中可知，Text的大部分属性都可以见名知意。例如，style表示文本样式、maxLines表示显示文本内容最大行数等。Text的常用属性如表4.1所示。

表4.1 Text的常用属性

属性	说明
data	显示的文本内容
style	文本样式，包含颜色、字体、大小等
textAlign	文本对齐方式，包含左对齐、右对齐等
textDirection	文本方向，包含从左到右、从右到左
softWrap	设置文本是否自动换行
overflow	文本内容截取方式
maxLines	显示文本内容最大行数

这里可以通过Text组件直接显示"Hello, Flutter!"，代码如下。

```
Text('Hello, Flutter!')
```

Text组件中的style属性表示文本样式，它的类型为TextStyle。TextStyle的常用属性如表4.2所示。

表 4.2　TextStyle 的常用属性

属性	说明
color	字体颜色
fontSize	字号大小
fontWeight	字体粗细
fontFamily	字体
letterSpacing	字母间距，默认值为 0，负数间距小，正数间距大
wordSpacing	单词间距，默认值为 0，负数间距小，正数间距大，它与 letterSpacing 的区别就是字母和单词的区别
textBaseline	基线
foreground	前景
background	背景
shadows	阴影
decoration	文字画线，包括下画线、上画线、中画线

这里设置字体颜色为红色，字号大小为 18，带阴影，文字底部下画线，代码如下。

```
Text(
  style: TextStyle(
    color: Colors.red,
    fontSize: 18,
    shadows: [Shadow(color: Colors.black, offset: Offset(2, 2), blurRadius: 2)],
    decoration: TextDecoration.underline)
),
```

Text 组件中的 textAlign 属性表示文本对齐方式，函数值主要包括左对齐、中间对齐、右对齐。下面分别设置文本为左对齐、中间对齐、右对齐，代码如下。

```
Container(width: 200,
  color: Colors.black,
  child: Text('Hello, Flutter!'),
),

SizedBox(height: 20,),

Container(width: 200,
  color: Colors.black, child: Text('Hello, Flutter!',
  textAlign: TextAlign.center,),
),
```

```
SizedBox(height: 20,),

Container(width: 200,
  color: Colors.black, child: Text('Hello, Flutter!',
  textAlign: TextAlign.end,),
),
```

如果想要看到文本的对齐效果，需要设置父组件比文本组件大，所以要加入 Container 父组件。其实 Container 是一个容器组件，SizedBox 只是为了分割开 3 个 Text，起到分隔作用。

Text 组件中的 softWrap 属性表示设置文本是否自动换行，如果将其设置为 true，则表示文本自动换行；如果将其设置为 false，则表示文本不自动换行，具体代码如下。

```
Text(
  'Hello, Flutter! Hello, Flutter! Hello, Flutter! Hello, Flutter!
  Hello, Flutter! Hello, Flutter!',
  softwrap: true,
),

SizedBox(height: 20,),

Text(
  'Hello, Flutter! Hello, Flutter! Hello, Flutter! Hello, Flutter!
  Hello, Flutter!  Hello, Flutter!',
  softWrap: false,
),
```

Text 组件中的 overflow 属性表示文本内容截取方式，包含直接截取、渐隐、省略号。overflow 的具体值如表 4.3 所示。

表 4.3 overflow 的具体值

参数值	参数说明
TextOverflow.clip	直接截取
TextOverflow.fade	溢出部分逐渐变透明，把 softWrap 设置为 false 才会生效
TextOverflow.ellipsis	在文本后面显示省略号
TextOverflow.visible	溢出部分显示在父组件外面，把 softWrap 设置为 false 才会生效

overflow 的用法如下。

```
Container(
  width: 200,
  color: Colors.black,
  child: Text(
    'Hello, Flutter!:直接截取 ',
    overflow: TextOverflow.clip, softWrap: false,
```

```
    ),
  ),

SizedBox(height: 20,),

Container(width: 200,
  color: Colors.black,
  child: Text(
    'Hello, Flutter!:渐隐',
    overflow: TextOverflow.fade, softWrap: false,
  ),
),

SizedBox(height: 20,),

Container(width: 200,
  color: Colors.black,
  child: Text(
    'Hello, Flutter!:省略号',
    overflow: TextOverflow.ellipsis, softwrap: false,
  ),
),
```

4.3.2 TextField组件

Flutter 中的 TextField 组件是一个文本输入组件，由于 TextField 源码构造函数内容很多，故这里只分享一下 TextField 的常用属性，如表 4.4 所示。

表 4.4　TextField 的常用属性

属性	说明
decoration	文本周围样式，包括边框、背景色、无内容提示等
keyboardType	键盘样式
style	文本样式
textAlign	对齐方式
readOnly	是否只读
obscureText	设置为true，是密码框
maxLength	输入最大长度
onChanged	文本发生变化时的回调
onEditingComplete	编辑完成后的回调
enabled	是否可用

TextField 的用法：实现一个输入框并设置如下，即圆角边框、文本居中，具体代码如下。

```
TextField(
  decoration: InputDecoration(
    filled: true,
    border: OutlineInputBorder(
      borderRadius: BorderRadius.all(Radius.circular(20))
    ),
  ),
  textAlign: TextAlign.center,
),
```

设置一个密码输入框，具体代码如下。

```
TextField(
  decoration: InputDecoration(labelText: ' 输入密码 '),
  obscureText: true,
),
```

4.3.3　Image组件

Flutter 中的 Image 组件是用来显示图片的组件，它可以加载网络图片、项目中的图片，Image 的常用属性如表 4.5 所示。

表 4.5　Image 的常用属性

属性	说明
width	宽
height	高
fit	缩放方式 BoxFit.fill：完全填充 BoxFit.contain：等比拉伸，直到一边填充满 BoxFit.cover：等比拉伸，直到两边都填充满 BoxFit.fitWidth：等比拉伸，宽填充满 BoxFit.fitHeight：等比拉伸，高填充满 BoxFit.none：不拉伸，超出范围截取 BoxFit.scalDown：等比缩小

1. 加载网络图片

使用 Image 组件加载网络图片，具体代码如下。

```
Image.network(' 网络图片的地址 ', width: 100, height: 100,)
```

注意，在使用Image组件时一般要指定它的width、height属性，如果不指定Image组件的大小，Image组件的大小会依赖图片的大小。

2. 加载项目中的图片

在Flutter项目的根目录下创建assets/images文件夹（这个文件夹用于保存项目的图片或图标），将图片flutter_image.png拷贝到该文件夹中，打开pubspec.yaml文件，把如下代码添加到flutter下面，具体如下。

```
flutter:
  # The following line ensures that the Materiat lcons font is
  # included with your application, so that you can use the icons in
  # the material Icons class
  uses-material-design: true
  # To add assets to your application, add an assets section, like this
  assets:
    - assets/images/flutter_image.png
```

4.3.4　Button组件

Flutter中的Button组件主要是用来单击使用，常用的Button按钮组件有3个，分别是RaisedButton、FlatButton、OutlineButton。这3个按钮组件的使用说明如表4.6所示。

表4.6　常用的3个Button按钮组件

按钮组件	说明
RaisedButton	有阴影的按钮
FlatButton	无阴影的按钮
OutlineButton	有边框的按钮

Button组件的属性也有很多，这里只介绍常用的属性，具体如表4.7所示。

表4.7　Button的常用属性

属性	说明
onPressed	按钮单击回调
textColor	按钮中的字体颜色
disabledTextColor	禁用状态下的字体颜色
color	背景色
disabledColor	禁用状态下的背景色

属性	说明
splashColor	水波纹颜色，单击会有水波纹效果
shape	外形状态

按钮组件的用法如下。

```
RaisedButton(
  onPressed: () {print('onPressed');},
  child: Text('Raised'),
),

FlatButton(
  onPressed: () {},
  child: Text('Flat'),
),

OutlineBatton(
  onPressed: () {},
  child: Text('Outline'),
),
```

4.3.5 Container组件

在Flutter中，Container是最常用也是最常见的容器类组件，它的常用属性如表4.8所示。

表4.8　Container的常用属性

属性	说明
width	宽
height	高
alignment	对齐方式
padding	内边距
margin	外边距
color	背景色
decoration	背景样式
transform	旋转、平移等3D操作
child	子控件

Container 的用法：设置一个宽 200、高 150 的 Container，它的子组件是 Text，蓝色圆角边框，具体代码如下。

```
Container(
  width: 200,
  height: 150,
  padding: EdgeInsets.all(15),
  decoration: BoxDecoration(
    border: Border.all(color: Colors.blue, width: 1, style: BorderStyle.solid),
    borderRadius: BorderRadius.all(Radius.circular(10)
  )),
  child: new Text("Hello Flutter"),
  alignment: AlignmentDirectional.center,
)
```

4.3.6　Row和Column组件

在 Flutter 中，Row 和 Column 是最常用的容器类组件，它们可以控制多个子组件，其中 Row 是水平方向，Column 是垂直方向。Row 和 Column 的常用属性如表 4.9 所示。

表 4.9　Row和Column的常用属性

属性	说明
mainAxisAlignment	主轴的对齐方式
crossAxisAlignment	次轴的对齐方式
textDirection	子控件的排列方式
verticalDirection	垂直的排列方式

Row 的用法：设置有 3 个 Container 子控件分别为 a、b、c，并且子控件平均分布在 Row 内，具体代码如下。

```
Row(
  mainAxisAlignment: MainAxisAlignment.spaceEvenly,
  children: <Widget>[
    Container(
      width: 80,
      height: 40,
      decoration: BoxDecoration(
        border: Border.all(
          color: Colors.blue, width: 1, style: BorderStyle.solid)),
      child: new Text("a"),
      alignment: AlignmentDirectional.center,),
    Container(
```

```
    width: 80,
    height: 40,
    decoration: BoxDecoration(
      border: Border.all(
        color: Colors.blue width: 1, style: BorderStyle.solid)),
    child: new Text("b"),
    alignment: AlignmentDirectional.center,),
  Container(
    width: 80,
    height: 40,
    decoration: BoxDecoration(
      border: Border.all(
        color: Colors.blue, width: 1, style: BorderStyle.solid)),
    child: new Text("c"),
    alignment: AlignmentDirectional.center,),
  ],
)
```

Row 和 Column 组件的对齐方式属性如表 4.10 所示。

表 4.10　对齐方式属性

属性	说明
MainAxisAlignment.start	从头开始排列（左对齐）
MainAxisAlignment.end	从末尾开始排列（右对齐）
MainAxisAlignment.center	居中排列
MainAxisAlignment.spaceBetween	两边对齐，中间平分
MainAxisAlignment.spaceAround	开头和结尾的距离是中间的一半
MainAxisAlignment.spaceEvenly	开头、结尾、中间距离一样，等分

4.3.7　Flex组件

Flutter 中的弹性布局允许子组件按照一定的比例来支配父容器的空间。弹性布局的概念在其他平台中也都存在，如 Android 中的 FlexboxLayout、H5 中的弹性盒子布局等。而 Flutter 中的弹性布局主要通过 Flex 和 Expanded 来配合实现。

Flex 组件可沿着水平或垂直方向排列子组件，在知道主轴方向的情况下，建议使用 Row 或 Column，因为 Row 和 Column 都继承自 Flex，参数基本相同，所以能使用 Flex 的地方基本可以使用 Row 或 Column。Flex 本身功能是很强大的，它也可以和 Expanded 组件配合实现弹性布局。Flex 弹性布局的示例，具体如下。

```
Flex({
  ...
  required this.direction, // 弹性布局的方向：Row 默认是水平方向，Column 默认是垂直方向
  List<Widget> children = const <Widget>[],
})
```

Flex 继承自 MultiChildRenderObjectWidget，其对应的 RenderObject 为 RenderFlex，在 RenderFlex 中实现了其布局算法。

Expanded 只能作为 Flex 的子类（否则会报错），它可以按比例扩展 Flex 子组件所占用的空间。因为 Row 和 Column 都继承自 Flex，具体代码如下。

```
const Expanded({
  int flex = 2,
  required Widget child,
})
```

flex 为弹性系数，若为 0 或 null，则 child 是没有弹性的，即不会被扩伸占用的空间。若大于 0，所有的 Expanded 按照其 flex 的比例来分割主轴的空闲空间。

4.4　Material风格组件

在 Flutter 中，Material 风格组件也是比较常用的，Flutter 已经内置了 Material 风格组件。Material 风格组件在"package:flutter/material.dart"包下，如果要使用 Material 风格组件，需要在项目中引入如下包。

```
Import 'package:flutter/material.dart';
```

4.4.1　MaterialApp

MaterialApp 是 App 开发中常用的符合 MaterialApp Design（Google 在 2014 年 I/O 大会上发布的一套 UI 规范）设计理念的入口 Widget，它作为顶级容器表示当前 App 是 Material 风格的，MaterialApp 中设置的样式属性都是全局的，MaterialApp 的常用属性如表 4.11 所示。

表 4.11　MaterialApp 的常用属性

属性	说明
routes	应用程序的顶级路由表
home	App 加载的首页，该页面一定要包裹在 Scaffold 控件中
initialRoute	若设置了 routes，则显示该路由

续表

属性	说明
theme	App全局级别的样式
locale	应用程序本地化初始区域的设置

查看源代码可知，MaterialApp有很多参数，基本上这些参数都是可省略的，但是routes、home、onGenerateRoute这3个参数至少要填写其中的一个，否则App无法知道要加载哪个组件。例如，将应用的主题色设置为蓝色，代码如下。

```
MaterialApp(
  title: 'Hello Flutter!',
  theme: ThemeData(
    primarySwatch: Colors.blue,),
  home: HomePage(title: 'Home Page'),
)
```

4.4.2　Scaffold

为了简化开发，Flutter提供了脚手架——Scaffold。Scaffold是Material组件的布局容器。一般来说，一个MaterialApp总是绑定一个Scaffold，可用于展示抽屉、通知及底部导航栏的效果，Scaffold的常用属性如表4.12所示。

表4.12　Scaffold的常用属性

属性	说明
appBar	顶部导航栏
body	界面显示的主要内容
floatingActionButton	悬浮按钮，默认在右下角
floatingActionButtonLocation	悬浮按钮位置
persistentFooterButtons	底部按钮的集合
bottomNavigationBar	底部导航栏
drawer	抽屉控件

Scaffold的用法如下。

```
Scaffold(
  appBar: AppBar(title: Text('Hello Flutter!'),
),
```

```
body: Container(
  child: Text(' 界面主要内容 '),
  alignment: Alignment.center,
),

drawer: Drawer(
  child: ListView(
    children: <Widget>[
      DrawerHeader(
        child: Text(' 背景头像 '),),
      ListTile(title: Text(" 版本号 "),),
      ListTile(title: Text(" 关于我们 "),),
      ListTile(title: Text(" 设置 "),)
    ],
  ),
),

bottomNavigationBar: Row(
  children: <Widget>[
    Expanded(
      child: RaisedButton(onPressed: () {}, child: Text(" 主页 "),),
      flex: 1,),
    Expanded(
      child: RaisedButton(onPressed: () {}, child: Text(" 消息 "),),
      flex: 1,),
    Expanded(
      child: RaisedButton(onPressed: () {}, child: Text(" 个人中心 "),),
      flex: 1,),
  ],
),
```

4.4.3　AppBar

在 Material 组件中，AppBar 显示在 App 的顶部，主要由 leading、title、actions、flexibleSpace、button 等组成。AppBar 的常用属性如表 4.13 所示。

表 4.13　AppBar 的常用属性

属性	说明
leading	标题前面的组件
title	标题
actions	标题后面的各种组件

续表

属性	说明
backgroundColor	背景色
textTheme	字体样式

AppBar的用法：设置一个左侧有返回按钮、标题是"Hello Flutter!"、右侧有 2 个图标的 AppBar，具体代码如下。

```
Scaffold(
  appBar: AppBar(
    leading: IconButton(icon: Icon(Icons.arrow_back),
    onPressed: () {}),
    title: Text('Hello Flutter!'),
    actions: <Widget>[
      IconButton(icon: Icon(Icons.add), onPressed: () {}),
      IconButton(icon: Icon(Icons.add), onPressed: () {}),
    ],
  ),
)
```

4.4.4　BottomNavigationBar

在 Material 组件中，BottomNavigationBar 为底部导航的控件，也是 App 开发必用的控件。BottomNavigationBar 的常用属性如表 4.14 所示。

表 4.14　BottomNavigationBar 的常用属性

属性	说明
items	子组件集合
onTap	单击事件回调
currentIndex	当前选中的第几个 item
type	类型
backgroundColor	背景色

BottomNavigationBar 的用法如下。

```
class BottomNavigationBar extends StatefulWidget {
  @override
  State<StatefulWidget> createState() => _BottomNavigationBar();
}
class _BottomNavigationBar extends State<BottomNavigationBar> {
```

```
Int _selectIndex = 0;
@override
Widget build(BuildContext context) {
  return Scaffold(
    bottomNavigationBar: BottomNavigationBar(
      items: <BottomNavigationBarItem>[
        BottomNavigationBarItem(title: Text(' 首页 ',),
          icon: Icon(
            Icons.access_alarms,
            color: Colors.black22,),
          activeIcon: Icon(
            Icons.access_alarms,
            color: Colors.blue,),
        ),
        BottomNavigationBarItem(title: Text(' 消息 ',),
          icon: Icon(
            Icons.access_alarms,
            color: Colors.black22,),
          activeIcon: Icon(
            Icons.access_alarms,
            color: Colors.blue,),
        ),
        BottomNavigationBarItem(title: Text(' 个人中心 ',),
          icon: Icon(
            Icons.access_alarms,
            color: Colors.black22,),
          activeIcon: Icon(
            Icons.access_alarms,
            color: Colors.blue,),
        ),
      ],
  iconSize: 24,
  currentIndex: _selectIndex,
  onTap: (index) {
    setState(() {
      _selectIndex = index;
    });
  },
  fixedColor: Colors.blue,
  type: BottomNavigationBarType.shifting,),
  );
}
}
```

4.4.5 TabBar

在 Material 组件中，TabBar 是一排水平标签，单击后可以来回地切换。TabBar 的常用属性如表 4.15 所示。

表 4.15　TabBar 的常用属性

属性	说明
tabs	标签控件集合
controller	标签变化的控制器
isScrollable	是否滚动
indicatorColor	指示器颜色
indicatorWeight	指示器粗细
indicator	指示器，可自定义样式
indicatorSize	设置指示器长短
labelColor	标签颜色
labelStyle	标签样式
unselectedLabelColor	未选中标签颜色
unselectedLabelStyle	未选中标签样式

TabBar 的用法：设置一个新闻模块导航，具体代码如下。

```
import 'package:flutter/material.dart';
class TabBar extends StatefulWidget {
  @override
  State<StatefulWidget> createState() => _TabBar();
}


class _TabBar extends State<TabBar> {
  final List<String>_tabValues = ['要闻', '视频', '推荐', '娱乐',
                                  '体育', '汽车', '文化',];
  TabController_controller;
  @override
  void initState() {
    super.initState();
    _controller = TabController(
      length: _tabValues.length,
      vsync: ScrollableState(),
    );
  }
```

```
@override
Widget build(BuildContext context) {
  return Scaffold(
    appBar: AppBar(
      title: Text('home'),
        bottom: TabBar(
          tabs: _tabValues.map((f) {
            return Text(f);
          }).toList(),
      controller: _controller,
      indicatorColor: Colors.blue,
      indicatorSize: TabBarIndicatorSize.tab,
      isScrollable: true,
      labelColor: Colors.blue,
      unselectedLabelColor: Colors.black22,
      indicatorWeight: 3.0,
      labelstyle: TextStyle(height: 1),),
    ),
    body: TabBarView(
      controller: _controller,
      children: _tabValues.map((f) {
        return Center(
          child: Text(f),);}).toList(),
    ),
  );
}
}
```

4.4.6 Drawer（抽屉）

Drawer是抽屉样式的控件，它的子控件中一般使用ListView，第一个元素一般使用DrawerHeader，接下来是ListTile。

Drawer的用法如下。

```
class Drawer extends StatelessWidget {
  @override
  Widget build(BuildContext context) {
    return Scaffold(
      appBar: AppBar(
        title: Text('Hello Flutter!'),
      ),
      drawer: Drawer(
        child: ListView(
```

```
        children: <Widget>[
          DrawerHeader(
            child: Text('背景图'),
          ),
          ListTile(
            title: Text("个人中心"),
          ),
          ListTile(
            title: Text("关于我们"),
          ),
          ListTile(
            title: Text("首页"),
          )
        ],
      ),
    ),
  );
}
}
```

4.5　Cupertino风格组件

在Flutter中，Cupertino风格组件也是比较常用的，因为Cupertino组件即iOS风格组件，在App开发过程中iOS风格一直是比较受欢迎的。Cupertino风格组件在"package:flutter/cupertino.dart"包下，如果要使用Cupertino风格组件，需要在项目中引入如下包。

```
import 'package:flutter/cupertino.dart';
```

4.5.1　CupertinoActivityIndicator

CupertinoActivityIndicator是iOS风格中的加载动画组件。CupertinoActivityIndicator的用法如下。

```
CupertinoActivityIndicator(radius: 10,)
```

其中，radius表示的是半径。

4.5.2　CupertinoAlertDialog

CupertinoAlertDialog是iOS风格中的提示框组件。CupertinoAlertDialog的常用属性如表4.16所示。

表 4.16　CupertinoAlertDialog 的常用属性

属性	说明
title	标题
content	内容
actions	底部的操作控件，如 "确定" "取消" 按钮等

CupertinoAlertDialog 自身是不带弹出效果的，实现单击按钮弹出 CupertinoAlertDialog 的效果，具体代码如下。

```
class CupertinoAlertDialog extends statelessWidget {
  @override
  Widget build(BuildContext context) {
    return RaisedButton(
      onPressed: () {
        showDialog(
          context: context,
          builder: (context) {
            return CupertinoAlertDialog(
              title: Text(' 提示 '),
              content: Text(' 确定要提交吗 ?"),
              actions: <Widget>[
                FlatButton(
                  child: Text(' 确定 '),
                  onPressed: () {},
                ),
              ],
            );
          }
        );
      },
      child: Text('CupertinoAlertDialog'),
    );
  }
}
```

4.5.3　CupertinoButton

CupertinoButton 是 iOS 风格中的按钮组件，与 Material 按钮的不同在于，CupertinoButton 的单击没有水波纹效果。CupertinoButton 的常用属性如表 4.17 所示。

表 4.17　CupertinoButton 的常用属性

属性	说明
child	必须设置其子组件
padding	内边距
color	背景色
disabledColor	禁用状态下的背景色
pressedOpacity	设置单击时的透明度，默认值为 0.1
onPress	单击事件回调

CupertinoButton 的用法：创建一个"删除"按钮，背景为红色，具体代码如下。

```
CupertinoButton(
  Child: Text('删除'),
  onPressed: () {},
  color: Colors.red,
)
```

4.5.4　CupertinoSlider

CupertinoSlider 是 iOS 风格中的滑动组件。CupertinoSlider 的常用属性如表 4.18 所示。

表 4.18　CupertinoSlider 的常用属性

属性	说明
value	当前值
onChanged	滑动时单击回调
onChangeStart	开始滑动时单击回调
onChangeEnd	滑动结束时单击回调
min	滑动起始值
max	滑动结束值
divisions	分割为若干份
activeColor	已滑过区域的颜色

CupertinoSlider 的用法：设置 CupertinoSlider 的最小值为 1，最大值为 10，分成 5 等份，滑过的区域颜色为蓝色，具体代码如下。

```
class CupertinoSlider extends StatefulWidget {
  @override
```

```
  State<StatefulWidget> createState() => _CupertinoSlider();
}
class _CupertinoSlider extends State<CupertinoSlider> {
  double _Value = 1.0;
  @override
  Widget build(BuildContext context) {
    return Center(
      child: CupertinoSlider(
        value: _value,
        onChanged: (double v) {
          setState(() {
            _value = v;});},
      min: 1.0,
      max: 10.0,
      divisions: 5,
      activeColor: Colors.blue,),
    );
  }
}
```

由于CupertinoSlider自身是不支持滑动的,所以需要通过onChanged回调动态改变value的值,setState()方法则会立刻刷新界面改变其状态。

4.5.5　CupertinoSwitch

CupertinoSwitch是iOS风格中的开关组件。CupertinoSwitch的常用属性如表4.19所示。

表4.19　CupertinoSwitch的常用属性

属性	说明
value	当前值
onChanged	变化时事件回调
activeColor	激活区域的颜色

CupertinoSwitch的用法如下。

```
class CupertinoSwitch extends StatefulWidget {
  @override
  State<StatefulWidget> createState() => _CupertinoSwitch();
}
class _CupertinoSwitch extends State<CupertinoSwitch> {
  bool _value = true;

  @override
  Widget build(BuildContext context) {
```

```
return Center(
  child: CupertinoSwitch(
    value: _value,
    onChanged: (bool v) {
      setState(() {
        _value = v;});},
    activeColor: Colors.blue,),
  );
}
}
```

4.6 容器组件

4.6.1 Padding（填充）

Padding 即填充，它是一个可设置内边距的容器类控件。Padding 的常用属性如表 4.20 所示。

表 4.20　Padding 的常用属性

属性	说明
child	子控件
padding	内边距

Padding 的用法如下。

```
Padding(
  padding: EdgeInsets.all(10.0),
  child: Text('填充'),
)
```

4.6.2 Center（居中）

Center 是一个让子控件居中显示的容器类控件，Center 的用法如下。

```
Center(
  child: Text('居中'),
)
```

4.6.3　Align（对齐）

Align 是一个将子组件对齐，并根据子组件来调整自身大小的控件。Align 的常用属性如表 4.21 所示。

表 4.21　Align 的常用属性

属性	说明
alignment	对齐方式
child	子控件
widthFactor	若不为 null，宽度 = 子控件的宽度 *widthFactor
heightFactor	若不为 null，高度 = 子控件的高度 *heightFactor

Align 的用法如下。

```
Align(
  alignment: Alignment.bottomCenter,
  child: Text('底部对齐'),
  widthFactor: 3.0,
  heightFactor: 3.0,
)
```

4.6.4　AspectRatio（固定宽高比例）

AspectRatio 是固定宽高比的控件，它会尽可能地扩展，height 通过 width 和设置的 aspectRatio 计算而来。看下面的例子，先设置 aspectRatio，并且同时设置父组件的 width 为 100，具体代码如下。

```
Container(
  width: 100,
  child: AspectRatio(aspectRatio: 2, child: Text('固定宽高比例'))
)
```

把上面 Container 的 height 也设置为 100，具体代码如下。

```
Container(
  width: 100,
  height: 100,
  color: Colors.blue,
  child: AspectRatio(aspectRatio: 2, child: Text('固定宽高比例'))
)
```

运行上面的代码后会发现，效果并没有按照设置的比例来显示，这是因为如果 AspectRatio 无法找到设置比例的尺寸，AspectRatio 将会忽略比例。

4.6.5 Transform（变换）

Transform 是一个矩阵变换的组件，使用它可以对子组件进行 3D 操作，如缩放、平移等。Transform 的常用属性如表 4.22 所示。

表 4.22　Transform 的常用属性

属性	说明
origin	矩阵操作原始点，设置此值相当于平移
transform	4×4 矩阵
alignment	对齐方式

Transform 的用法：将文字旋转，具体代码如下。

```
Transform.rotate(
  angle: pi / 2,
  origin: Offset(5, 5),
  child: Text(' 旋转 '),
)
```

4.6.6 Stack（重叠）

Stack 是一个重叠控件，它里面的子元素是叠在一起的。

Stack 的用法：在一张圆形图片中间加入 "Hello Flutter!"，具体代码如下。

```
Stack(
  alignment: Alignment.center,
  children: <Widget>[
    CircleAvatar(
      child: Image.asset('assets/image/yang.png'),
        radius: 100,),
    Text('Hello Flutter!', style: TextStyle(color: Colors.blue),)
  ],
)
```

4.6.7 Wrap（流布局）

Wrap 是流布局，当一行的空间不够容纳子控件时用来换行显示。Wrap 的常用属性如表 4.23 所示。

表 4.23　Wrap 的常用属性

属性	说明
direction	排列方向
alignment	主轴对齐方式
spacing	主轴间距
runAlignment	次轴对齐方式
runSpacing	次轴间距
textDirection	每行文本排列方向
verticalDirection	垂直方向排列
children	多个子控件

Wrap 各个属性的用法如下。

```
Wrap(
  direction: Axis.horizontal,
  spacing: 6,
  alignment: WrapAlignment.center,
  runSpacing: 10,
  textDirection: TextDirection.rtl,
  verticalDirection: VerticalDirection.up,
  children: <Widget>[
    RaisedButton(child: Text('Hello Flutter'),),
    RaisedButton(child: Text('Hello Flutter'),),
    RaisedButton(child: Text('Hello Flutter'),),
  ],
)
```

4.6.8　Flow

在实际开发中一般很少使用 Flow，因为它过于复杂，而且还需要自己实现子 Widget 的位置转换，在很多场景下首先要考虑的是 Wrap 是否满足开发需求。Flow 主要用在一些需要自定义布局或性能要求较高的场景。

Flow 的优点如下。

（1）灵活：因为我们需要自己实现 FlowDelegate 的 paintChildren() 方法，所以需要自己来计算每个组件的位置，因此可以自定义布局。

（2）性能好：Flow 是一个对子组件尺寸和位置调整非常高效的控件，它用转换矩阵在对子组件进行位置调整时进行了优化。

Flow 的缺点如下。

（1）使用起来比较复杂。

（2）不能自适应子组件的大小，必须通过指定父容器大小或实现 TestFlowDelegate 的 getSize 来返回固定大小。

4.7 滚动组件

4.7.1 ListView

ListView 是 Flutter 中很重要的列表组件，它适用于大量数据的加载。ListView 有懒加载模式，所以它可以节省大量内存。ListView 的常用属性如表 4.24 所示。

表 4.24 ListView 的常用属性

属性	说明
scrollDirection	滚动方向
reverse	是否反向
itemBuilder	构建 item
itemExtent	item 的高度、长度
itemCount	item 的个数

ListView 的用法如下。

```
ListView.builder(
  itemExtent: 100,
  itemCount: 100,
  itemBuilder: (context, index) {
    return Container(
      alignment: Alignment.center,
      child: Text(index.toString()),
    );
  }
)
```

4.7.2 GridView

与 ListView 一样，GridView 也是 Flutter 中常用且重要的组件，二者的属性很相似。而且有时当数据量很大时，使用矩阵方式排列才能更清晰地展示数据，在 Flutter 中 GridView 就是为了实现这个布局的。Flutter 中提供了几种 GridView 的构建方法，具体如下。

（1）GridView.count 实现网格布局，具体用法如下。

```
class Gridview extends StatelessWidget {
  List<Widget> _item() {
    List<Widget> list = [];
    for (int i = 0;  i < 10;  i++) {
      list.add(_widget(i));}
      return list;
  }

  Widget _widget(int index) {
    return Container(
      height: 40,
      alignment: Alignment.center,
      color: Colors.black,
      child: Text(index.toString()),
    );
  }

  @override
  Widget build(BuildContext context) {
    return GridView.count(
      scrollDirection: Axis.vertical,
      crossAxisCount: 2,
      mainAxisSpacing: 15,
      crossAxisSpacing: 10,
      childAspectRatio: 3/4,
      padding: EdgeInsets.all(5),
      children: _item(),
    );
  }
}
```

（2）GridView.builder 实现网格布局，具体用法如下。

```
class Gridview extends StatelessWidget {
  List<Widget> _item() {
    List<Widget> list = [];
    for (int i = 0;  i < 10;  i++) {
      list.add(_widget(i));
    }
    return list;
```

```
    }

    Widget _widget(int index) {
      return Container(
        height: 40,
        alignment: Alignment.center,
        color: Colors.black,
        child: Text(index.toString()),
      );
    }

    @override
    Widget build(BuildContext context) {
      return GridView.builder(
        gridDelegate: SliverGridDelegateWithFixedCrossAxisCount(
          crossAxisCount: 2,
          mainAxisSpacing: 15,
          crossAxisSpacing: 10,
          childAspectRatio: 1),
          itemBuilder: (BuildContext context, int index) {
          return _widget(index);
          }
      );
    }
}
```

（3）GridView.custom 实现网格布局，具体用法如下。

```
class Gridview extends StatelessWidget {
  List<Widget> _item() {
  List<Widget> list = [];
  for (int i = 0;  i < 10;  i++) {
    list.add(_widget(i));
  }
  return list;
}

  Widget _widget(int index) {
    return Container(
      height: 40,
      alignment: Alignment.center,
      color: Colors.black,
      child: Text(index.toString()),
    );
```

```
  }

  @override
  Widget build(BuildContext context) {
    return GridView.custom(
      gridDelegate: SliverGridDelegatewithFixedCrossAxisCount(
        crossAxisCount: 2,
        mainAxisSpacing: 15,
        crossAxisSpacing: 10,
        childAspectRatio: 3/4),
      childrenDelegate: SliverChildBuilderDelegate((context, index) {
        return _widget(index);}),
      semanticChildCount: 10,);
  }
}
```

4.7.3 Table

Table 是一个表格控件，Table 的常用属性如表 4.25 所示。

表 4.25　Table 的常用属性

属性	说明
children	多个子控件
columnWidths	列宽
textDirection	排序方向
border	边框
defaultVerticalAlignment	垂直方向对齐

Table 各个属性的用法如下。

```
Table(
  border: TableBorder.all(),
  columnWidths: <int, FixedColumnWidth>{
    0: FixedColumnWidth(30),
    1: FixedColumnwidth(60),
  },

  textDirection: TextDirection.rtl,
  defaultVerticalAlignment: TableCellVerticalAlignment.middle,
  children: <TableRow>[
    TableRow(children: <Widget>[
      SizedBox(height: 20,
```

```
     child: Text('Flutter'),),
        Text('Flutter'),
  ]),

  TableRow(children: <Widget>[
    Text('Flutter'),
    Text('Flutter'),]),
  ],
)
```

4.7.4　ExpansionTile（折叠）

ExpansionTile 是一个可打开 / 关闭的折叠组件，ExpansionTile 的常用属性如表 4.26 所示。

表 4.26　ExpansionTile 的常用属性

属性	说明
leading	标题前面的组件
title	标题
backgroundColor	背景色
trailing	箭头
onExpansionChanged	打开 / 关闭事件
initiallyExpanded	展开或折叠

ExpansionTile 的用法如下。

```
ExpansionTile(
  leading: CircleAvatar(
    backgroundImage: AssetImage('assets/image/fold.png'),
    radius: 10,),
  title: Text(' 类别 '),
  children: <Widget>[
    Text(' 热门 '),
    Text(' 军事 '),
    Text(' 娱乐 '),
    Text(' 旅游 '),
    Text(' 科技 '),
  ],
)
```

4.8 小结

Flutter 中所有的 UI 组件都是 Widget。Flutter 的组件库非常强大和丰富,想要一次性掌握所有的组件是不实际的,而且对于开发者而言也不是必需的。学习者需要的是掌握如何学习 Flutter 的方法,通过源码来学习组件的使用,因为 Flutter 的 SDK 是开源的,所以极大地方便了学习者学习 Flutter。

第 5 章
手势和事件处理

Flutter 中的手势系统分为两层：第一层是原始指针（Pointer）事件，描述了屏幕上指针的位置和移动；第二层是手势，描述了由一个或多个指针事件组成的语义动作（如单击、缩放等动作）。

通过本章学习，读者可以掌握如下内容。

- 原始指针
- GestureDetector
- GestureRecognizer
- 事件总线

5.1　原始指针

Pointer是原始指针的事件，它通过控件Listener来监听指针事件，按照功能划分，Listener属于功能性组件。Listener的指针类型包含以下 4 种。

（1）onPointerDown：指针按下回调。

（2）onPointerMove：指针移动回调。

（3）onPointerCancel：指针取消回调。

（4）onPointerUp：指针抬起回调。

指针的用法如下。

```
Listener(
  onPointerDown: (value) => print('onPointerDown'),
  onPointerMove: (value) => print('onPointerMove'),
  onPointerCancel: (value) => print('onPointerCancel'),
  onPointerUp: (value) => print('onPointerUp'),
  child: Container(
    width: 150,
    height: 150,
    color: Colors.black,
  ),
)
```

Listener是最初的原始指针，一般情况下建议使用手势控件GestureDetector，下一节会讲到GestureDetector。

当指针按下时，系统会对应用程序执行命中测试（Hit Test），以确定当前单击位置存在哪些控件，然后系统会把事件分发给检测到的根路径的最末尾节点，事件会从此节点开始向上传递，直到根节点。

5.2　GestureDetector

GestureDetector是一个手势识别的功能性组件，它可以用于识别各种手势。GestureDetector其实是指针事件的语义化封装，其包括各种手势，如单击、双击、长按、拖动、滑动、缩放等，下面一一介绍各种手势识别。

1. 单击

单击包括按下、抬起、单击、取消单击事件。

（1）onTapDown：按下时回调。

（2）onTapUp：抬起时回调。

（3）onTap：单击事件回调。

（4）onTapCancel：取消单击事件回调。

单击事件的用法如下。

```
GestureDetector(
  onTapDown: (TapDownDetails tapDownDetails) {
    print('onTapDown');
  },
  onTapUp: (TapDownDetails tapUpDetails) {
    print('onTapUp');
  },
  onTap: () {
    print('onTap');
  },
  onTapCancel: () {
    print('onTapCancel');
  },
  child: Center(
    child: Container(
      width: 150,
      height: 150,
      color: Colors.black,
  ),),),
);
```

2. 双击

双击是快速并且连续两次在同一个位置单击，可以通过onDoubleTap方法来监听双击，用法如下。

```
GestureDetector(
  onDoubleTap: () => print('onDoubleTap'),
  child: Center(
    child: Container(
      width: 150,
      height: 150,
      color: Colors.black,
  ),),),
);
```

3. 长按

长按（LongPress）包括长按开始、移动、抬起、结束事件。

（1）onLongPressStart：长按开始回调。

（2）onLongPressMoveUpdate：长按移动回调。

（3）onLongPressUp：长按抬起回调。

（4）onLongPressEnd：长按结束回调。

（5）onLongPress：长按回调。

长按事件的用法如下。

```
GestureDetector(
  onLongPressStart: (value) => print('onLongPressStart'),
  onLongPressMoveUpdate: (value) => print('onLongPressMoveUpdate'),
  onLongPressUp: (value) => print('onLongPressUp'),
  onLongPressEnd: (value) => print('onLongPressEnd'),
  onLongPress: (value) => print('onLongPress'),
  child: Center(
    child: Container(
      width: 150,
      height: 150,
      color: Colors.black,
  ),),
);
```

4. 拖动、滑动

拖动、滑动事件包含开始、按下、移动更新、结束、取消事件。

（1）onVerticalDragStart：垂直拖动开始回调。

（2）onVerticalDragDown：垂直拖动按下回调。

（3）onVerticalDragUpdate：指针移动更新回调。

（4）onVerticalDragCancel：垂直拖动结束回调。

（5）onVerticalDragEnd：垂直拖动取消回调。

GestureDetector 对于拖动和滑动事件是没有区分的，二者本质都是一样的。GestureDetector 会将要监听的组件原点作为此次手势的原点，当按下手指时，手势识别就会开始。拖动事件的用法如下。

```
GestureDetector(
  onVerticalDragStart: (value) => print('onVerticalDragStart'),
  onVerticalDragDown: (value) => print('onVerticalDragDown'),
  onVerticalDragUpdate: (value) => print('onVerticalDragUpdate'),
  onVerticalDragCancel: (value) => print('onVerticalDragCancel'),
  onVerticalDragEnd: (value) => print('onVerticalDragEnd'),
  child: Center(
    child: Container(
      width: 150,
      height: 150,
      color: Colors.black,
```

```
  ),),
);
```

5. 缩放

缩放（Scale）包括缩放开始、更新、结束事件。

（1）onScaleStart：缩放开始回调。

（2）onScaleUpdate：缩放更新回调。

（3）onScaleEnd：缩放结束回调。

缩放事件的用法如下。

```
GestureDetector(
  onScaleStart: (value) => print('onScaleStart'),
  onScaleUpdate: (value) => print('onScaleUpdate'),
  onScaleEnd: (value) => print('onScaleEnd'),
  child: Center(
    child: Container(
      width: 150,
      height: 150,
      color: Colors.black,
  ),),
);
```

5.3　GestureRecognizer

GestureDetector 内部是使用一个或多个 GestureRecognizer 来识别各种手势，而 GestureRecognizer 的作用是通过 Listener 来将原始指针事件转换为语义手势，GestureDetector 可以直接接受一个子 Widget。但是，GestureRecognizer 本身不是一个 Widget，而是一个抽象类，一种手势的识别器对应 一个 GestureRecognizer 的子类。所以，GestureRecognizer 的使用和 GestureDetector 组件有所不同。 下面使用 GestureRecognizer 来实现为一段富文本的不同部分分别添加单击事件，并且在单击时使文 本变色，代码如下。

```
import 'package:flutter/gestures.dart';
import 'package:flutter/material.dart';

class GestureRecognizerState extends StatefulWidget {
  @override
  State<StatefulWidget> createState() => _GestureRecognizerState();
}

class _GestureRecognizerState extends State<GestureRecognizerState> {
```

```
TapGestureRecognizer _tapGestureRecognizer = new TapGestureRecognizer();
bool _isSwitch = false;

@override
void dispose() {
  _tapGestureRecognizer.dispose();
  super.dispose();
}

@override
Widget build(BuildContext context) {
  return Center(
    child: Text.rich(
      TextSpan(
        children: [
          TextSpan(text: "你好 Flutter"),
          TextSpan(
            text: "单击变色",
            style: TextStyle(
              fontSize: 28.0,
              color: _isSwitch ? Colors.yellow : Colors.orange
            ),
            recognizer: _tapGestureRecognizer
              ..onTap = () {
                setState(() {
                  _isSwitch =! _isSwitch;
                });
              },
          ),
          TextSpan(text: "Flutter 你好"),
        ]
      )
    ),
  );
}
```

上述代码的运行效果如图 5.1 所示。

图 5.1　GestureRecognizer 效果图

5.4 事件总线

在App中，会经常需要一个广播机制，用于跨页面的事件通知。例如，在App中页面需要根据登录或注销登录事件来进行状态更新。此时，有一个事件总线是非常有效果的，因为它实现了订阅者模式，包括发布者和订阅者两种角色，可以通过事件总线来触发事件和监听事件。接下来实现一个简单的事件总线，具体如下。

```
typedef EventCallback = Function(dynamic arg);

class EventBus {
  EventBus._internal();
  static EventBus _singleton = new EventBus._internal();
  factory EventBus() => _singleton;

  var _emap = new Map<Object, List<EventCallback>>();

  void on(eventName, EventCallback? f) {
    if (eventName == null || f == null) return;
    _emap[eventName] = <EventCallback>[];
    _emap[eventName]!.add(f);
  }

  void off(eventName, [EventCallback? f]) {
    var list = _emap[eventName];
    if (eventName == null || list == null) return;
    if (f == null) {
      _emap[eventName] = [];
    } else {
      list.remove(f);
    }
  }

  void emit(eventName, [arg]) {
    var list = _emap[eventName];
    if (list == null) return;
    int leng = list.length - 1;
    for (var i = leng; i > -1; --i) {
      list[i](arg);
    }
  }
}
var bus = new EventBus();
```

使用示例如下。

```
// 页面 A
...
bus.on("login", (arg) {
  // 处理想要操作的事情
});

// 登录页 B
...
bus.emit("login", userInfo);
```

事件总线常用于组件之间的状态共享，对于简单的应用来说，事件总线足以满足业务需求。

 ## 5.5　小结

指针事件是 Flutter 中的核心功能之一，Flutter 中的手势识别组件都是通过指针事件封装的，大大地方便了开发者。

第 6 章

动画

　　动画在任何一个 UI 框架中都是比较核心的功能，也是开发者学习 UI 框架很重要的部分，而且动画的实现原理都是相同的。那就是在一段时间内将一定顺序的 UI 界面连续展示出来，借助人眼的视觉暂留现象，达到连续运动的动画效果。其实，动画和电影的原理基本一致，决定动画流畅度的一个重要指标就是帧率（Frame Per Second，FPS），即每秒的动画帧数。一般情况下，对于人眼来说，动画帧率超过 24FPS 就比较顺畅了，而在 Flutter 中，理论上可以实现 60FPS，这与原生应用能达到的帧率基本上一致。

通过本章学习，读者可以掌握如下内容。

- Flutter 动画简介
- 动画基本使用
- 动画状态监听
- 交织动画
- Hero 动画
- AnimatedList 动画

6.1 **Flutter动画简介**

为了方便开发者创建动画，不同的UI系统对动画都进行了一些抽象操作，Flutter也不例外，主要涉及Animation、Curve、AnimationController、Tween这几个角色，接下来一一进行介绍。

1. Animation

Animation是一个抽象类，它的主要功能是保持动画的状态和插值，但是它不能直接实例化，其中有一个比较常用的Animation类是Animation<double>。Animation对象是一个在一段时间内生成一个区间值的类。Animation的输出值可以是线性的，也可以是曲线性的，所以Animation本身与UI渲染没有关系，它只是拥有动画的当前值和状态。

可以通过给Animation对象添加监听器，来监听动画的每一帧和动画状态。Animation提供了如下两个添加监听的方法。

（1）addListener()：每一帧都会调用它，一般是在其中调用setState()方法来触发UI重构。

（2）addStatusListener()：添加动画状态改变监听器，当动画开始、结束、正向、反向发生变化时都会调用它。

2. Curve

动画过程是线性的还是非线性的是由Curve决定的。Flutter中通过Curve来负责控制动画变化的速率，也就是让动画的效果能够以匀速、加速、抛物线等各种速率变化。Curves类是一个枚举类，定义了几十种常用曲线，常用的动画曲线如表6.1所示。

表6.1　常用的动画曲线

动画曲线	说明
linear	匀速
decelerate	减速
ease	先加速后减速
easeIn	先慢后快
bounceIn	弹簧效果

可以使用CurvedAnimation来指定动画曲线，具体代码如下。

```
Animation = CurvedAnimation(parent: animationController, curve: Curves.easeIn);
```

3. AnimationController

AnimationController是动画的控制器，主要是控制动画的播放、停止等操作。AnimationController继承自Animation<double>，是一个比较特别的Animation对象，设备屏幕刷新的每一帧都会产生一个新的值，默认情况下它会线性地生成一个 0.0 ~ 1.0 的值。

创建 AnimationController，具体代码如下。

```
AnimationController(duration: Duration(seconds: 2), lowerBound: 0.0,
                    upperBound: 1.0, vsync: this);
```

其中，Duration 表示动画执行的时长，默认情况下 AnimationController 的输出值范围为 0 ~ 1，也可以通过 lowerBound 和 upperBound 来指定区间。

4. Tween

上面已经说过 AnimationController 继承自 Animation<double>，所以输出值只能为 double 类型。若要求设置动画效果是颜色变化，这时 AnimationController 就不能满足需求，而 Tween 可以解决该需求。Tween 的作用主要是添加映射以生成不同的取值范围或数据类型的值。Tween 继承自 Animatable<T>，它提供了 evaluate() 方法用来获取当前映射值。

使用 Tween 对象需要调用 animate() 方法来传入控制器对象，并且返回一个 animation。接下来分享一下实现颜色从红色到绿色的过渡变化，具体代码如下。

```
ColorTween(begin: Colors.red, end: Colors.green);
```

6.2　动画基本使用

在 Flutter 中，可以通过很多种方法来实现动画效果，接下来通过一个正方形 Container 由大变小的简单动画来演示 Flutter 的动画，具体代码如下。

```
class AnimationRoute extends StatefulWidget {
  @override
  _AnimationRouteState createState() => _AnimationRouteState();
}

// 这里需要继承TickerProvider，若有多个AnimationController，则应该使用
//TickerProviderStateMixin
class _AnimationRouteState extends State<AnimationRoute>
    with SingleTickerProviderStateMixin {
  Animation<double> animation;
  AnimationController controller;

  initState() {
    super.initState();
    controller = AnimationController(
      duration: Duration(seconds: 1),
```

```
    vsync: this,
  );

  // 匀速，Container 的宽和高从 400 变到 0
  animation = Tween(begin: 400.0, end: 0.0).animate(controller);
  // 启动动画（以正向执行）
  controller.forward();
}

@override
Widget build(BuildContext context) {
  return Center(
    child: Container(
      width: animation.value,
      height: animation.value,
      color: Colors.blue,
    ),
  );
}

dispose() {
  super.dispose();
  // 路由销毁时需要释放动画，防止内存泄露
  controller.dispose();
}
}
```

动画效果就是Container控件尺寸不断从大变小。

如果想要将动画效果设置为非匀速的，只需修改上面代码段中的initState()，具体代码如下。

```
initState() {
  super.initState();
  controller = AnimationController(
    duration: Duration(seconds: 1),
    vsync: this,
  );
  // 非匀速，Container 的宽和高由慢到快从 400 变到 0
  animation = CurvedAnimation(parent: controller, curve: Curves.easeIn);
  animation = Tween(begin: 400.0, end: 0.0).animate(controller);
  // 启动动画（以正向执行）
  controller.forward();
}
```

对比上述两个代码段，变化的效果就是添加了如下代码。

```
animation = CurvedAnimation(parent: controller, curve: Curves.easeIn);
```

这样动画效果就是Container的形状先慢后快地从大变小。

 ## 6.3 动画状态监听

前文介绍过，可以通过Animation的addStatusListener()方法来添加动画状态以便改变监听器。Flutter中提供了4种动画状态，具体如表6.2所示。

表6.2 Flutter的4种动画状态

枚举值	说明
dismissed	动画在起始位置停止
forward	动画在正向执行
reverse	动画在反向执行
completed	动画在终点位置停止

下面以图片的放大为例，以先放大，再缩小，然后再放大……的顺序循环动画。若要实现这种动画效果，只需要监听动画状态的改变即可，也就是在动画正向执行结束时反转动画，然后在动画反向执行结束后再正向执行动画即可。具体实现代码如下。

```
initState() {
  super.initState();
  controller = AnimationController(
    duration: const Duration(seconds: 1), vsync: this);
  // 图片的宽和高从 0 变到 350
  animation = Tween(begin: 0.0, end: 350.0).animate(controller);
  animation.addStatusListener((status) {
    if (status == AnimationStatus.completed) {
      // 动画在正向执行结束时反转动画
      controller.reverse();
    } else if (status == AnimationStatus.dismissed) {
      // 动画反向执行结束后再正向执行动画
      controller.forward();
    }
  });
  // 启动动画，正向执行
  controller.forward();
}
```

交织动画其实是由多个动画组成的，多个动画可以同时执行，也可以按顺序执行。这些动画由同一个AnimationController来控制，不管动画是要同时执行还是按顺序执行都是由动画对象的Interval属性决定的。接下来通过实现一个控件形状大小和颜色同时改变的动画来演示一下交织动画的效果，具体代码如下。

```
class StaggeredAnimationRoute extends StatefulWidget {
  @override
  State<StatefulWidget> createState() => _StaggeredAnimationRoute();
}

class _StaggeredAnimationRoute extends State<StaggeredAnimationRoute>
    with SingleTickerProviderStateMixin {
  AnimationController controller;
  var size;
  var color;

  @override
  void initState() {
    super.initState();
    controller =
        AnimationController(duration: Duration(seconds: 2), vsync: this)
          ..addListener(() {
            setState(() {});
          })
          ..addStatusListener((status) {
            if (status == AnimationStatus.completed) {
              // 正向执行结束后反向执行
              controller.reverse();
            } else if (status == AnimationStatus.dismissed) {
              // 反向执行结束后正向执行
              controller.forward();
            }
          });
    size = Tween(begin: 0.0, end: 100.0);
    color = ColorTween(begin: Colors.black, end: Colors.white);
    controller.forward();
  }

  @override
  Widget build(BuildContext context) {
    return Center(
```

```
    child: Container(
      height: size.evaluate(controller),
      width: size.evaluate(controller),
      color: color.evaluate(controller),
    ),
  );
 }
}
```

如果想让上面的 Container 的形状大小和颜色变化按顺序来执行，修改上面的代码如下。

```
class StaggeredAnimationRoute extends StatefulWidget {
  @override
  State<StatefulWidget> createState() => _StaggeredAnimationRoute();
}

class _StaggeredAnimationRoute extends State<StaggeredAnimationRoute>
    with SingleTickerProviderStateMixin {
  AnimationController controller;
  var size;
  var color;

  @override
  void initState() {
    super.initState();
    controller =
        AnimationController(duration: Duration(seconds: 2), vsync: this)
          ..addListener(() {
            setState(() {});
          })
          ..addStatusListener((status) {
            if (status == AnimationStatus.completed) {
              // 正向执行结束后反向执行
              controller.reverse();
            } else if (status == AnimationStatus.dismissed) {
              // 反向执行结束后正向执行
              controller.forward();
            }
          });

    // 给动画对象加入 Interval 属性后，动画会先执行形状大小的变化，再执行颜色的变化
    size = Tween(begin: 0.0, end: 100.0).animate(CurvedAnimation(
        parent: controller, curve: Interval(0.0, 0.5)));
    color = ColorTween(begin: Colors.black, end: Colors.white).animate(
        CurvedAnimation(parent: controller, curve: Interval(0.5, 1.0)));
    controller.forward();
```

```
}

@override
Widget build(BuildContext context) {
  return Center(
    child: Container(
      height: size.evaluate(controller),
      width: size.evaluate(controller),
      color: color.evaluate(controller),
    ),
  );
}
}
```

6.5 Hero动画

Hero是一种比较常见的动画效果，指的是可以在路由（页面）之间"飞行"的Widget，可以从一个页面打开另外一个页面时产生一个过渡动画。接下来通过两个路由之间的跳转来演示一下Hero动画的效果，具体代码如下。

路由1的代码如下。

```
class HeroAnimationFirst extends StatelessWidget {
  @override
  Widget build(BuildContext context) {
    return Container(
      alignment: Alignment.topCenter,
      child: Column(
        children: <Widget>[
          InkWell(
            child: Hero(
              tag: "head", // 唯一标识，前后两个路由 Hero 的 tag 必须一样
              child: ClipOval(
                child: Image(
                  image: AssetImage('assets/images/placeholder.png'),
                  width: 40,
                ),
              ),
            ),
            onTap: () {
              // 单击跳转到第二个路由
              Navigator.push(context, PageRouteBuilder(
```

```
                pageBuilder: (
                  BuildContext context,
                  animation,
                  heroAnimationSecond,
                ) {
                  return FadeTransition(
                    opacity: animation,
                    child: Scaffold(
                      appBar: AppBar(
                        title: Text("查看原始图"),
                      ),
                      body: HeroAnimationSecond(),
                    ),
                  );
                },
              ),
          ),
          Padding(
            padding: const EdgeInsets.only(top: 10.0),
            child: Text("头像"),
          )
        ],
      ),
    );
  }
}
```

路由 2 的代码如下。

```
class HeroAnimationSecond extends StatelessWidget {
  @override
  Widget build(BuildContext context) {
    return Center(
      child: Hero(
        tag: "head", //唯一标识，前后两个路由 Hero 的 tag 必须一样
        child: Image(
          image: AssetImage('assets/images/placeholder.png'),
        ),
      ),
    );
  }
}
```

可以看到，要实现 Hero 动画，只需使用 Hero 组件把需要共享的 Widget 包装起来，并设置一个相同的 tag 即可，中间的过渡动画都是由 Flutter 框架自动完成的。但需要注意的是，前后两个路由

的共享 Hero 的 tag 必须是一样的，因为 Flutter 框架内部是通过 tag 来确定新旧路由中 Widget 的对应关系的。

 6.6 AnimatedList动画

在 App 应用中，对列表进行添加、删除等操作时，没有过渡动画会让使用者感到不快，使用者可能还不清楚怎么回事就把数据删除了，这样的交互非常不友好。Flutter 中的 AnimatedList 提供了在列表的数据发生变化时的过渡动画。接下来通过对列表数据进行操作来演示一下 AnimatedList 动画的效果，具体代码如下。

```
class AnimationListRoute extends StatefulWidget {
  @override
  State<StatefulWidget> createState() => _AnimationListRoute();
}

class _AnimationListRoute extends State<AnimationListRoute>
    with SingleTickerProviderStateMixin {
  List<int> _list = [];

  final GlobalKey<AnimatedListState> _listKey =
      GlobalKey<AnimatedListState>(); // 设置 key
  void _add() {
    final int _index = _list.length;
    _list.insert(_index, _index);
    _listKey.currentState.insertItem(_index); // 添加数据时调用的添加方法
  }

  void _remove() {
    final int _index = _list.length - 1;
    var item = _list[_index].toString();
    _listKey.currentState.removeItem(
      // 删除数据时调用的删除方法
      _index,
      (context, animation) => _buildItem(item, animation));
    _list.removeAt(_index);
  }

  Widget _buildItem(String _item, Animation _animation) {
    // 创建列表 item
    return SlideTransition(
      position: _animation
```

```
            .drive(CurveTween(curve: Curves.easeIn))
            .drive(Tween<Offset>(begin: Offset(1, 1), end: Offset(0, 1))),
      child: Card(
        child: ListTile(
          title: Text(
            _item,
          ),
        ),
      ),
    );
  }

  @override
  Widget build(BuildContext context) {
    return Scaffold(
      body: AnimatedList(
        key: _listKey, // 设置 key
        initialItemCount: _list.length,
        //itemBuilder 是一个函数，index 是每条数据的索引，animation 是设置动画的参数
        itemBuilder: (BuildContext context, int index, Animation animation) {
          return _buildItem(_list[index].toString(), animation);
        },
      ),
      floatingActionButton: Row(
        mainAxisAlignment: MainAxisAlignment.center,
        crossAxisAlignment: CrossAxisAlignment.center,
        children: <Widget>[
          FloatingActionButton(
            onPressed: () => _add(),
            child: Icon(Icons.add),
          ),
          SizedBox(
            width: 50,
          ),
          FloatingActionButton(
            onPressed: () => _remove(),
            child: Icon(Icons.remove),
          ),
        ],
      ),
    );
  }
}
```

6.7 小结

　　动画相关的内容是 Flutter 中比较重要的部分，也是比较有难度的，所以读者一定要了解动画的实现原理，熟练掌握 Animation、Curve、Tween 等知识，如果遇到不太清楚的地方，阅读源码是一个非常有效的解决方法。Flutter 内置了很多动画控件，如 AnimatedContainer、AnimatedCrossFade、DecoratedBoxTransition、PositionedTransition、RelativePositionedTransition、SlideTransition 等，这些控件使用起来相对简单，直接查阅相关 API 文件即可。

第 7 章

自定义组件

在 Flutter 中，自定义组件也是比较重要的部分，因为在实际开发过程中，有些需求和 UI 是无法通过现有的 Flutter 组件来实现的，这时就需要通过自定义组件来实现。本章将介绍 Flutter 中自定义组件的方法，以及自定义组件的开发和使用。

通过本章学习，读者可以掌握如下内容。

- 自定义组件方法介绍
- 组装现有组件
- CustomPaint 与 Canvas 结合使用

7.1 自定义组件方法介绍

　　如果Flutter提供的现有组件无法满足开发需求，或者为了公用代码需要封装一些通用组件，这时就需要自定义组件。在Flutter中，自定义组件有3种方式：组合其他组件、自绘和实现RenderObject。下面就介绍一下这3种方式的特点。

　　1. 组合其他组件

　　该方式是通过拼装其他的组件来组合成一个新组件。例如，Container就是一个组合组件，它是由DecoratedBox、ConstrainedBox、Padding、Align等组件组合而成的。

　　在Flutter中，组合的思想很重要，Flutter提供了非常多的基础组件，而我们的界面开发其实就是按照需要把这些组件组合起来，实现各种不同的布局。

　　2. 自绘

　　当遇到无法通过现有组件实现需要的UI时，我们就可以通过自绘组件来实现。例如，我们需要一个渐变色的圆形进度条，而Flutter提供的CircularProgressIndicator并不支持在显示精确进度时对进度条应用渐变色，这时就需要通过自定义组件来绘制出期望的效果，可以通过Flutter中提供的CustomPaint和Canvas来实现UI自绘。

　　3. 实现 RenderObject

　　Flutter提供的自身具有UI外观的组件，如Text、Image都是通过相应的RenderObject渲染出来的，比如Text是通过RenderParagraph渲染；Image是通过RenderImage渲染。RenderObject是一个抽象类，它定义了一个方法paint()，具体如下。

```
void paint(PaintingContext context, Offset offset)
```

　　其中，PaintingContext表示组件的绘制上下文，通过PaintingContext.canvas可以获得Canvas，但是绘制逻辑主要是通过Canvas API来实现的。子类需要重写此方法以实现自身的绘制逻辑。

 7.2 组装现有组件

　　Flutter中的UI一般都是由一些比较低级别的组件组合而成的。如果我们想要封装一些通用组件，首先应该考虑是否可以通过组合其他组件的方式来实现，若可以，就应该优先使用组合的方式来实现，毕竟直接通过现有组件拼装组合会非常地简单、高效。

　　示例：实现渐变按钮。

　　由于Flutter的Material组件库中的按钮默认不支持渐变背景，所以为了实现渐变按钮效果，需要自定义一个CustomButton组件，实现的主要效果如下。

（1）按钮背景可以渐变色。

（2）可以支持圆角。

（3）单击按钮有波浪效果。

其实，DecoratedBox 可以支持背景色渐变和圆角，InkWell 在单击按钮时有波浪效果，所以可以通过组合 DecoratedBox 和 InkWell 来实现 CustomButton，具体代码如下。

```dart
import 'package:flutter/material.dart';
class CustomButton extends StatelessWidget {
  CustomButton({
    this.colors,
    this.width,
    this.height,
    this.onPressed,
    this.borderRadius,
    @required this.child,
  });

  // 按钮渐变色 List 数组
  final List<Color> colors;

  // 按钮的宽和高
  final double width;
  final double height;
  final Widget child;
  final BorderRadius borderRadius;
  // 单击事件的回调
  final GestureTapCallback onPressed;
  @override
  Widget build(BuildContext context) {
    ThemeData theme = Theme.of(context);
    // 设置 colors 数组不为空
    List<Color> _colors = colors ??
    [theme.primaryColor, theme.primaryColorDark ?? theme.primaryColor];
    return DecoratedBox(
      decoration: BoxDecoration(
        gradient: LinearGradient(colors: _colors),
        borderRadius: borderRadius,),
      child: Material(
        type: MaterialType.transparency,
        child: InkWell(
          splashColor: _colors.last,
          highlightColor: Colors.transparent,
          borderRadius: borderRadius,
          onTap: onPressed,
        child: ConstrainedBox(
```

```
      constraints: BoxConstraints.tightFor(height: height, width: width),
    child: Center(
      child: Padding(
        padding: const EdgeInsets.all(5.0),
      child: DefaultTextStyle(
        style: TextStyle(fontWeight: FontWeight.normal),
      child: child,),),),),),),
    ),);
  }
}
```

通过上面的代码可以看到，CustomButton 是由 DecoratedBox、Padding、InkWell 等组件组合而来的。这只是一个简单的示例，主要想传达的就是对现有组件组合的思想，读者要掌握这个思想。

 ## 7.3 CustomPaint与Canvas结合使用

上面介绍的是对于一些简单的、不复杂的 UI，可以通过组合其他组件的方式来实现，但是对于一些复杂的或不规则的 UI，我们可能就无法通过组合其他组件的方式来实现了。例如，我们需要一个正八边形、一个渐变色的圆形进度条等，这时我们可以通过图片来实现。但是在一些要求比较高的动态交互场景，通过图片也实现不了。例如，需要实现一个手写输入板，这时就需要自己绘制 UI 效果了。

基本上所有的 UI 系统都会提供一个自绘 UI 的接口，该接口一般会提供一块 2D 画布 Canvas，在 Canvas 内部封装了一些基本绘制的 API，使用者可以通过 Canvas 绘制各种自定义图形。在 Flutter 中，提供了一个 CustomPaint 组件，它可以结合画笔 CustomPainter 来实现自定义图形的绘制。

1. CustomPaint

首先来看看 CustomPaint 的构造函数。

```
CustomPaint({
  Key key,
  this.painter,
  this.foregroundPainter,
  this.size = Size.zero,
  this.isComplex = false,
  this.willChange = false,
  Widget child, // 子节点
})
```

（1）painter：背景画笔，会显示在子节点的后面。

（2）foregroundPainter：前景画笔，会显示在子节点的前面。

（3）size：当child为null时，代表默认绘制区域大小；若child存在，则忽略此参数。

（4）isComplex：是否复杂的绘制，若是，Flutter就会通过一些缓存策略来减少重复渲染的内存开销。

（5）willChange：主要与isComplex结合使用，当启用缓存时，该属性表示在下一帧中绘制是否会改变。

在绘制时我们需要提供前景或背景画笔，二者也可以同时提供。而且画笔需要继承CustomPainter类，主要是在画笔类中实现真正的绘制逻辑。

2. CustomPainter

CustomPainter中定义了一个虚函数paint()，具体如下。

```
void paint(Canvas canvas, Size size);
```

paint有如下两个参数。

（1）Canvas：一个画布，包括各种绘制方法，如表 7.1 所示。

表 7.1　Canvas的常用绘制方法

API名称	功能
drawLine	画线
drawPoint	画点
drawPath	画路径
drawImage	画图像
drawRect	画矩形
drawCircle	画圆
drawOval	画椭圆

（2）Size：当前绘制区域大小。

3. 画笔 Paint

Flutter提供了Paint类来实现画笔。在Paint中，可以配置画笔的各种属性如粗细、颜色、样式等。具体示例如下。

```
var paint = Paint() //创建一个画笔并设置它的属性
..style = PaintingStyle.fill //设置画笔样式
..color = Color(0x77cdb121); //设置画笔颜色
```

更多的配置属性可参考Paint类的定义，这里不再一一赘述。

4. 性能

绘制是比较耗费性能的操作，所以在实现自绘控件时应该考虑到性能开销，下面是两条关于性能优化的建议。

（1）尽最大可能利用好 shouldRepaint 的返回值；在 UI 树重新构建时，控件在绘制前都会先调用该方法，用来确定是否有必要重绘；若绘制的 UI 不依赖外部状态，即外部状态改变不会影响 UI 的外观，则返回 false；若绘制的 UI 依赖外部状态，则在 shouldRepaint 中判断依赖的状态是否改变，如果已经改变，就返回 true 来重绘，否则返回 false 不需要重绘。

（2）在绘制时尽可能多地分层；把公共的部分单独抽出来为一个组件，并设置其 shouldRepaint 回调值为 false，然后在使用该组件时就不需要每次都绘制一遍，实现了分层处理。

 ## 7.4　小结

本章主要介绍了 Flutter 中自定义组件的方法，以及自定义组件的开发和使用。由于 Flutter 中提供的现有组件可能无法满足业务需求，所以 Flutter 中自定义组件的实现也是读者在学习 Flutter 时必备的知识点。

第 8 章
文件操作和网络请求

　　在 Flutter 中，文件操作和网络请求是非常重要的部分，所涉及的 API
是 Dart 标准库的一部分。文件操作包括文件的创建、写入、读取、删除等；
网络请求操作包含 HTTP 网络请求、网络资源下载等。

通过本章学习，读者可以掌握如下内容。

- 获取 iOS 和 Android 文件路径
- 文件夹日常操作
- 文件日常操作
- HTTPClient 网络请求
- dio 库简介及使用
- JSON 转 Model 类

8.1 获取iOS和Android文件路径

由于iOS和Android的文件路径不同，因此获取二者对应的文件路径需要对应的原生开发支持。其实我们可以借助第三方插件来完成这部分的操作。PathProvider插件就提供了一种不同平台统一访问文件路径的方式。

使用PathProvider插件需要在pubspec.yaml文件中添加依赖，具体代码如下。

```
path_provider: ^2.0.7
```

添加依赖后执行命令"flutter packages get"，成功后即可使用，但是需要注意版本变化，建议开发者使用最新的版本。

PathProvider插件获取文件路径有3种方法，具体如下。

（1）getTemporaryDirectory：该方法是获取临时目录的，在iOS上对应NSTemporaryDirectory()和在Android上对应getCacheDir()，系统可以随时清除此临时目录，一般情况下聊天记录会存放在该目录下。

（2）getApplicationDocumentsDirectory：该方法是获取应用程序的文档目录，在iOS上对应NSDocumentDirectory和在Android上对应AppData目录，主要用于存储只有自己才能访问的文件。

（3）getExternalStorageDirectory：该方法是获取外部存储目录的，由于iOS不支持外部存储目录，所以在iOS上调用该方法会抛出异常，在Android上对应getExternalStorageDirectory，一般情况下用于Android系统的单独的分区或SD卡。

在Android 6.0及以上版本的系统中使用读写权限需要动态申请，只有申请通过后才能使用，动态申请权限涉及原生开发。手动打开读写权限的步骤如下：打开手机的"设置"→"应用"→"通知"→"Flutter应用程序"→"权限"。

8.2 文件夹日常操作

文件夹日常操作主要包括创建文件夹、重命名文件夹、删除文件夹和遍历文件夹中的文件。

1. 创建文件夹

创建文件夹使用create()方法，具体如下。

```
Directory('$rootPath${Platfrom.pathSeparator}dir11').create();
```

其中，Platfrom.pathSeparator表示路径的分隔符，对于iOS和Android来说都表示"/"。

create中有一个可选参数recursive，默认值为false，表示只能创建最后一级文件夹。若想创建"dir11/dir22"这样的嵌套文件夹，那么recursive为false时就会抛出异常，但是设置为true就可以创建嵌套文件夹。如想要在根目录下创建"dir11/dir22"嵌套文件夹，具体代码如下。

```
var dir22 = await Directory('$rootPath${Platfrom.pathSeparator}
    dir11${Platfrom.pathSeparator}dir22${Platfrom.pathSeparator}')
    .create(recursive: true);
```

2. 重命名文件夹

重命名文件夹使用rename()方法，具体如下。

```
var dir33 = await dir22.rename('${dir22.parent.absolute.path}/ dir33');
```

3. 删除文件夹

删除文件夹使用delete()方法，具体如下。

```
await dir33.delete();
await dir11.delete(recursive: true);
```

可选参数recursive，默认值为false。当设置为false时，如果删除的文件夹下还有内容将无法删除，会抛出异常；当设置为true时，删除当前文件夹及文件夹下的所有内容。

4. 遍历文件夹中的文件

遍历文件夹中的文件使用list()方法，具体如下。

```
Stream<FileSystemEntity> fileList = rootDir.list(recursive: false);
await for(FileSystemEntity systemEntity in fileList) {
  debugPrint("mapper:: ${systemEntity.path}");
}
```

可选参数recursive，默认值为false，表示只遍历当前文件夹。当设置为true时，表示遍历当前文件夹及子文件夹。

FileSystemEntity.type静态函数返回值为FileSystemEntityType，包含以下几个常量：File、Link、Directory及NOT_FOUND。

8.3　文件日常操作

文件日常操作主要包括创建文件、写入文件、读取文件和删除文件。

1. 创建文件

创建文件使用File().create()方法，具体如下。

```
var file = await File('$rootPath/dir11/file.txt').create(recursive: true);
```

2. 写入文件

把字符串写入文件，具体用法如下。

```
file.writeAsString('Hello Flutter');
```

把 bytes 写入文件，具体用法如下。

```
file.writeAsBytes(Utf8Encoder().convert('Hello Flutter'));
```

3. 读取文件

仅读取一行内容的具体用法如下。

```
List<String> rows = await file.readAsLines();
```

读取 bytes 并转换成 String 的具体用法如下。

```
Utf8Decoder().convert(await file.readAsBytes());
```

4. 删除文件

删除文件使用 delete() 方法，具体如下。

```
file.delete();
```

 # 8.4　HTTPClient网络请求

在 HTTP 网络请求中，请求方式分为 get、post、put、head、delete 等。Flutter 的 dart:io 中的 HttpClient 本身功能比较弱，很多常用功能都不支持，所以建议使用 dio 来发起网络请求，它是一个非常强大且易用的网络请求库，在本章的后面会着重介绍 dio 的使用。

首先来了解一下发起一个 HTTP 请求需要的步骤。

1. 创建 HttpClient

创建 HttpClient 前需要导入 dart:io 包，然后再创建 HttpClient，具体代码如下。

```
var httpClient = new HttpClient();
```

2. 构建 URI

构建 URI 的具体代码如下。

```
var uri = Uri(scheme: 'http', host: 'www.google.com',
              queryParameters: {'params:': '', 'params2:': ''});
```

3. 打开 HTTP 连接

打开 HTTP 连接的具体代码如下。

```
HttpClientRequest request = await httpClient.getUrl(uri);
```

4. 设置网络请求 header

设置网络请求 header 需要通过 HttpClientRequest 来设置，具体代码如下。

```
Request.headers.add(' ', ' ');
```

5. 发送网络请求并解析返回的数据

发送网络请求并解析返回的数据的具体代码如下。

```
HttpClientRequest request = await request.close();
String response = await response.transform(utf8.decoder).join();
```

虽然 HttpClient 是 Dart 标准库的一部分，但是它的自身功能比较弱，且不支持很多常用功能，所以一般不会直接使用它来进行 HTTP 的开发，推荐使用第三方插件 dio 来进行 HTTP 的开发。

 ## 8.5 dio库简介及使用

dio 是一个非常强大的 Dart HTTP 请求库，不仅是开源的，而且易于使用，支持 Restful API、FormData、拦截器、请求取消、Cookie 管理、文件上传/下载、超时等功能。

在使用 dio 时，需要在 pubspec.yaml 文件中添加依赖，具体代码如下。

```
dependencies: dio: ^4.0.4
```

为了方便统一配置使用，建议读者将 dio 设置为单例，这样就可以对所有的 HTTP 请求进行统一配置，如公用的 header、cookie 等。具体设置方法如下。

```
var option = Baseoptions(baseUrl: '$_host', connectTimeout: 3000,
                         receiveTimeout: 2000);
_dio = Dio(option);
```

发起一个 get 网络请求，具体代码如下。

```
response = await dio.get("/api?id=109&name=test");
print(response.data.toString());
```

发起一个 post 网络请求，具体代码如下。

```
response = await dio post("/api", data: ("id": 102, "name": "test"});
print(response.data.toString());
```

发起多个并发的请求，具体代码如下。

```
response = await Future.wait([dio.post("/api"), dio.get("/info")]);
```

发送 FormData，具体代码如下。

```
FormData formData = FormData.from({
  "name": "liming",
  "age": 30,});
response = await dio.post("/api", data: formData);
```

下载文件，具体代码如下。

```
await dio.download(urlPath, savePath, onReceiveProgress: (count, total) {
  // 下载进度的回调
});
```

 ## 8.6　JSON转Model类

在实际的项目开发中，后台接口返回的数据格式一般是JSON，在Dart标准库中也提供了JSON转对象的方法，JSON的格式如下。

```
{
  "name": "liming", "age": 20,
  "phone": "13333330000"
}
```

把上面的JSON转换成对象，具体代码如下。

```
Map<string, dynamic> object = json.decode(string);
print('$object');
```

json.decode()方法返回的是dynamic类型，也就是说，只有运行时我们才能知道其类型，因此这里在编写代码时非常容易出错。

Flutter官方推荐使用JSON的方式，是向需要转换的Model类中添加fromJson()和toJson()方法。fromJson()是把JSON字符串解析并构造这一类的实例，toJson()是把对象转换为Map，具体代码如下。

```
class Person {
  Person (this.name, this.age);
  final String name;
  final int age;
  Person.fromJson(Map<String, dynamic> json)
  :name = json['name'], age.= json['age'];
  Map<string, dynamic> toJson() => {'name': this.name, 'age': this.age};
```

```
}
```

其中 fromJson() 和 toJson() 方法仍然需要开发者手动去写,但是在实际的项目开发中字段很有可能是复杂的,所以此时非常需要一个自动处理 JSON 序列化的框架。Flutter 官方为开发者推荐了 json_serializable 框架。

在使用 json_serializable 时,也需要在 pubspec.yaml 文件中添加依赖,具体代码如下。

```
dev_dependencies:
json_serializable: ^4.0.0
build_runner: ^2.1.4
```

上面的是开发依赖项,在开发过程中起到一些辅助工具的作用。添加完依赖后去编译运行,执行 "flutter packages get" 命令,执行完后就可以使用 json_serializable 了。

把上面的 Person 类略作修改,具体代码如下。

```
import 'package:json_annotation/json annotation.dart'
part 'user.g.dart';

// 这个标注是告诉生成器,这个类是需要生成 Model 类的
@JsonSerializable()
class Person {
  Person (this.name, this.age);
  final String name; final int age;
  factory Person.fromJson (Map<String, dynamic> json) => _$PersonFromJson(json);
  toJson() => _$PersonToJson (this)
}
```

然后在项目的根目录中执行如下命令。

```
flutter packages pub run build_runner build
```

执行结果如下。

```
[INFO] Generating build script...
[INFO] Generating build script completed, took 370ms
[INFO] Initializing inputs
[INFO] Reading cached asset graph...
[INFO] Reading cached asset graph completed, took 105ms
[INFO] Checking for updates since last build.
[INFO] Checking for updates since last build completed, took 841ms
[INFO] Running build...
[INFO] Running build completed, took 905ms
[INFO] Caching finalized dependency graph..
[INFO] Caching finalized dependency graph completed, took 38ms
[INFO] Succeeded after 853ms with 2 outputs (3 actions)
```

执行完成后,会在 Person.dart 同级目录下生成 Person.g.dart 文件。顺便推荐一个根据 JSON 自动

生成 Model 的网址"https://caijinglong.github.io/json2dart/index.html"，有了它我们连 Model 类都不用写了，十分好用。

 ## 8.7 小结

在 Flutter 项目开发中，文件操作和网络请求是必备功能之一，所涉及的 API 是 Dart 标准库的一部分。为了方便开发，Flutter 提供了一些好用的第三方库来帮助开发者使用，其中 dio 和 json_serializable 会大大减少开发者的工作量。

第 9 章
路由导航和存储

在应用程序开发中，一般包含多个界面。在 Flutter 中把每一个界面称为路由，路由主要是用来处理页面跳转、数据传递等操作的，通常和 Navigator 结合使用。Navigator 主要负责路由页面的堆栈管理和操作，如添加跳转页面、移除页面等。

Flutter 中的存储会根据数据量的大小和复杂度分为两种类型：一种针对较为简单的数据，如应用设置等可采用数据存储方式，使用 shared_preferences 这种 key-value 的存储方式；另一种针对较大的数据，使用服务端数据库的形式，如 MySQL、SQLite 等。

通过本章学习，读者可以掌握如下内容。

- 路由导航
- 命名路由规则
- 使用 shared_preferences 存储数据
- 使用 SQLite 存储数据

9.1 路由导航

路由其实是应用程序页面的抽象，一个页面对应一个路由。在iOS中，一个路由对应一个ViewController；在Android中，一个路由对应一个Activity；而在Flutter中，一个路由对应一个Widget，而且这个Widget下面可能还包括很多Widget。在Flutter中，路由是由Navigator管理的，Navigator管理路由对象的堆栈，并且提供管理堆栈的方法。Navigator的push()方法是将一个新的路由添加到堆栈中，也就是打开一个页面，用法如下。

```
Navigator.of(context).push(Material PageRoute(builder: (context)
(return NewPage();))));
```

pop()方法是将一个路由出栈，也就是返回上一个页面，用法如下。

```
Navigator.of(context).pop();
```

通过示例创建两个页面，每个页面中都包含一个按钮，单击第一个页面中的按钮跳转到第二个页面，单击第二个页面中的按钮返回第一个页面。

第一个页面的具体实现代码如下。

```
class BackPage extends Statelesswidget {
  @override
  Widget build(BuildContext context){
    return Scaffold(
      appBar: AppBar(title: Text('BackPage'),
       centerTitle: true,
      ),
      body: Center(
        child: RaisedButton(child: Text('next'),
          onPressed: (){
            Navigator.of(context).push(Material PageRoute(builder: (context)
                (return NextPage();}));},),
      ),);
  }
}
```

第二个页面的具体实现代码如下。

```
class NextPage extends StatelessWidget {@override
  Widget build (BuildContext context){
    return Scaffold(
      appBar: AppBar(
        title: Text('NextPage'), centerTitle: true,),
        body: Center(
```

```
        child: RaisedButton(
        child: Text('back'),
        onPressed: () {
          Navigator.of(context).pop();
        },),
      ),
    );
  }
}
```

Navigator 的 push() 方法的参数是一个 MaterialPageRoute。MaterialPageRout 继承自 PageRoute，由 Material 组件库提供。而且 MaterialPageRoute 实现了不同平台页面切换时的不同动画效果。对于 iOS，进入动画是从右侧滑动到左侧，退出是从左侧滑动到右侧；对于 Android，进入动画是向上滑动，退出是向下滑动。如果想要在跳转页面时传递参数，具体实现代码如下。

```
Navigator.of(context).push(MaterialPageRoute(builder: lcontext)
{return NextPage ('parameter');}));
```

其实 push() 方法是 Future 类型，它可以接收第二个页面返回的值，然后修改第一个页面的按钮，具体代码如下。

```
RaisedButton(
  child: Text(' 跳转 '), onPressed: () async{
    var result = await Navigator.of(context)
    .push(MaterialPageRoute(builder: (context) {
      return NextPage ();}));
    print('$result');
  },
)
```

修改第二个页面退出的方法，包含返回数据，具体代码如下。

```
Navigator.of(context).pop('backParameter');
```

 9.2　命名路由规则

命名路由其实就是给路由起一个能够辨别的名称，可以直接通过名称打开新的路由，这种方式更加方便管理路由，在实际的项目开发中推荐使用命名路由这种方式。使用命名路由，首先需要创建一个路由表，路由表的创建方法如下。

```
class Routes {
  static const String backPage = 'back_page';
```

```
static const String nextPage = 'next_page';
staticMap<String,widgetBuilder>routes = {
  backPage: (context) => BackPage(),
  nextPage: (context) => NextPage(),
};
}
```

然后注册路由表，在项目目录lib/main.dart文件中找到如下代码。

```
void main() => runApp(MyApp());
class MyApp extends statelesswidget {
  //This widget is the root of your application
  @override
  Widget build(BuildContext context) {
    return MaterialApp(
      title: 'Flutter',
      theme: ThemeData(primarySwatch: Colors.blue,),
      routes: Routes.routes,
      home: MyHomePage(title: 'Home Page'),
    );
  }
}
```

在MyApp类下的MaterialApp控件中添加routes属性，代码如下。

```
routes: Routes.routes,
```

使用命名路由方式打开新的页面，使用pushNamed()方法，代码如下。

```
var result = await Navigator.of(context).pushNamed(Routes, twoPage);
```

给命名路由传递参数的方法如下。

```
var result = await Navigator.of(context)
.pushNamed(Routes.nextPage, arguments: {'name': 'flutter',});
```

跳转到新的页面接收参数，代码如下。

```
var arg = ModalRoute.of(context).settings.arguments;
```

有时，想将参数当成页面的参数传递进去，而不是在新页面中获取。这种情况下，修改第二个页面，代码如下。

```
class NextPage extends Statelesswidget {
  NextPage(this.title, {Key keyl}) : super(key: key); final String title;
  @override
  Widget build(BuildContext context) {
    return Scaffold(
      appBar: AppBar(
```

```
    title: Text('${this.title}'), centerTitle: true,),
  body: Center(
    child: RaisedButton(child: Text('back'),
    onPressed: () {
      Navigator.of(context).pop('back');},),),),
  );
 }
}
```

这时，在定义路由时需要使用一个参数，定义如下。

```
twoPage: (context) => BackPage(ModalRoute.of(context).settings.arguments),
```

在项目中，用户进入登录界面并登录成功，然后跳转到"页面A"。当返回时用户不应该返回到登录界面，该如何处理呢？只需在登录成功并跳转到"页面A"时，使用pushReplacementNamed()或popAndPushNamed()方法将登录界面出栈。这两个方法的区别在于，pushReplacementNamed()是用新的界面代替当前路由；popAndPushNamed()是当前路由先pop（出栈），然后新的界面入栈，用法如下。

```
Navigator.of(context).pushReplacementNamed(routeName)
Navigator.of(context).popAndPushNamed(routeName)
```

若用户还没有账号，则需要注册。注册成功后默认用户已经登录，那么此时用户在注册界面返回时不应该返回到登录界面。这种情况下，可以使用pushNamedAndRemoveUntil()方法出栈多个路由，用法如下。

```
Navigator.of(context).pushNamedAndRemoveUntil
('new name', ModalRoute.withName('home'));
```

上面的代码表示跳转到新的界面，并出栈路由直到home路由为止。也可以使用popUntil()方法，popUntil()表示只出栈路由，用法如下。

```
Navigator.popUntil(context, ModalRoute.withName('home'));
```

 ## 9.3 使用shared_preferences存储数据

在Android中，可以使用SharePreferences来存储轻量级的数据，而在Flutter中，可以使用shared_preferences来存储轻量级的数据。使用shared_preferences，需要在pubspec.yaml文件中添加依赖，具体如下。

```
dependencies:
shared_preferences: ^2.0.11
```

然后执行如下命令。

```
flutter packages get
```

此时，就可以使用 shared_preferences 插件了。

增加/修改数据的用法如下。

```
var prefs = await SharedPreferences.getInstance();
prefs.setString(key, value);
```

prefs 针对不同类型的数据提供了不同的保存方法，包括 setString、setBool、setInt 等。另外，要注意 SharedPreferences.getInstance() 是异步方法，增加和修改都要用 set 方法，有相同的 key 就覆盖之前的数据。

获取数据的用法如下。

```
var prefs = await SharedPreferences.getInstance();
prefs.getString(key);
```

get 也包括 getString、getBool、getInt 等获取不同类型数据的方法。

删除数据的用法如下。

```
var prefs = await sharedPreferences.getInstance();
prefs.remove(key);
```

 ## 9.4 使用SQLite存储数据

当 App 应用需要在本地保存和查询大量数据时就不再使用 shared_preferences，而是使用数据库，数据库可以使我们更快地保存、更新和查询数据。Flutter 使用的是 SQLite 数据库。下面介绍一下关于 SQLite 数据库的基本操作。

（1）使用 SQLite 数据库需要在 pubspec.yaml 文件中添加 sqflite 依赖。

```
dependencies:
sqflite: ^2.0.1
```

（2）定义一个 Users 类，对应数据库的数据结构，代码如下。

```
class Users {
  User(this.id, this.name, this.age);
  final int id;
  final string name;
  final int age;
  toMap() {
```

```
    return ('id': this.id, 'name': this.name, 'age': this.age);
  }
}
```

（3）所有的数据库操作都需要在打开数据库连接后进行，下面是打开数据库连接的方法。

```
Future<Database> _db =
    openDatabase('users.db', version: 1, onCreate: (Database db, int version) (
    // 创建表，分为3列，分别为id、name、age，id是主键
    db.execute(
      'CREATE TABLE User (id INTEGER PRIMARY KEY, name TEXT, age INTEGER)'
    );
));
```

当数据库第一次创建时会创建Users表。

（4）向Users表中插入数据，代码如下。

```
insert(Users user) async{
  var db = await _db;
  var result = await db.insert(_table, user.toMap());
  Scaffold.of(context).showSnackBar(
    SnackBar(
      content: Text('success, $result')
    )
  );
}
```

（5）查询Users表中的所有数据，代码如下。

```
var db = await _db;
var list = await db.query(_table);
```

（6）根据id查询匹配的数据，代码如下。

```
var db = await _db;
var list = await db.query(_table, where: 'id=?', whereArgs: [id]);
```

（7）根据id更新Users表中匹配的数据，代码如下。

```
var db = await _db;
var result = await db.update(_table, user.toMap(), where: 'id=?',
                            whereArgs: [user.id]);
```

（8）根据id删除Users表中匹配的数据，代码如下。

```
var db = await _db;
var result = await db.delete(_table, where: 'id=?', whereArgs: [id]);
```

下面介绍一个简单的SQLite数据库例子，顶部是一个表单，用户可以输入id、name、age属性，

单击提交、查询、查询全部、更新、删除按钮进行数据相关操作。

创建一个页面，包含提交、查询、查询全部、更新、删除按钮及姓名、年龄、性别输入框，代码如下。

```
Form(
  child: Column(
    children: <Widget>[
      TextField(
        decoration: InputDecoration(hintText: id'),
        onChanged: (value) {setState((){_id = value;});},
      ),
      TextField(
        decoration: InputDecoration(hintText: 'name') ,
        onChanged: (value) {setState((){_name = value;});},
      ),
      TextField(
        decoration: InputDecoration(hintText: 'age') ,
        onChanged: (value) {setState((){_age = value;});},
      ),
    Wrap(
      children: <Widget>[
        RaisedButton(
          child: Text('提交'),
          onPressed: () {
            var user = User(int.parse(_id), _name, int.parse(_age));
            insert(user);
          },
        ),
        RaisedButton(
          child: Text('查询全部内容'), onPressed: () {
          query();},
        ),
        RaisedButton(
          child: Text('查询'), onPressed: () {
            int id = int.parse(_id);
            queryById(id);},
        ),
        RaisedButton(
          child: Text('更新'), onPressed: () {
            update(User(int.parse(_id), _name, int.parse(_age)));},
        ),
        RaisedButton(
          child: Text('删除'), onPressed: () {
            int id = int.parse(_id);
            deleteById(id);},
```

```
      ),
    ],),),
  ],
  ),
),
```

创建一个ListView的显示数据，具体代码如下。

```
Flexible(
  child: ListView.builder(
    itemBuilder: (context, index) {
      return Container(
        height: 60,
        child: Row(
          mainAxisAlignment: MainAxisAlignment.spaceAround,
          children: <Widget>[
            Text('id:${_list[index].id)'),
            Text('name:${_list[index].name)'),
            Text('age:${_list[index].age)'),),
        ),
      );
    },
    itemCount: _list.length,
  ),
)
```

初始化SQLite数据库及增删改查方法，代码如下。

```
final String _table = 'Users';
Future<Database> _db =
    openDatabase('users.db', versions: 1, onCreate: (Database db, int version) {
  // 创建表，分为3列，分别为id、name、age, id是主键
  db.execute(
    'CREATE TABLE Users (id INTEGER  FRIMARY  KEY, name TEXT, age INTEGER)'
  );
});

/// 保存数据
insert(Users user) async{
  var db = await _db;
  var result = await db.insert(_table, user.toMap());
  Scaffold.of(context).showSnackBar(
    SnackBar(
      content: Text('success, $result')
    )
  );
}
```

```
/// 查询全部数据
query() async{
  var db = await _db;
  var list = await db.query(_table);
  _list.clear();
  list.forEach((map) {
    _list.add(User(map['id'], map['name'], map['age']));});
  setState(() {});
}
```

```
/// 查询指定数据
QueryById(int id) async{
  var db = await _db;
  var list = await db.query(_table, where: 'id=?', whereArgs: [id]);
  _list.clear();
  list.forEach((map) {
  _list.add(User (map['id'], map['name'], map['age']));});
  setState(() {});
}
```

```
/// 更新
update(Users user) async{
  var db = await _db;
  var result = await db.update(_table, user.toMap(), where: 'id=?',
                               whereArgs: [user.id]);
  Scaffold.of(context).showSnackBar(SnackBar(content: Text('success,$result')));}
```

```
/// 删除数据
deleteById(int id) async{
  var db = await _db;
  var result = await db.delete(_table, where: 'id=?', whereArgs: [id]);
  Scaffold.of(context).showSnackBar(SnackBar(content: Text('删除成功,$result')));
}
```

9.5 小结

　　本章主要介绍了在 Flutter 中使用 Navigator 来管理路由，路由的相关知识很重要，开发任何 Flutter 项目都需要使用路由。数据存储也同等重要，缓存数据和存储基本数据可以让应用更加人性化，使用户体验感更好。

第 10 章
混合跨平台开发

　　由于 Flutter 更新迭代的速度非常快，这就导致会有各种各样的混合开发方式，本章将介绍向原生应用中引入 Flutter 模块的方法，以及 Flutter 插件的开发和使用。如果你的 Flutter 版本较低，请升级到较新的版本。

通过本章学习，读者可以掌握如下内容。

- 开发 Package
- 平台通道介绍
- Flutter 插件的开发
- Android 端插件 API 的实现
- iOS 端插件 API 的实现

10.1　开发Package

通过开发 Package 可以创建共用的模块化代码，一个小的 Package 包括 4 个部分，具体如下。

（1）pubspec.yaml 文件：声明了 Package 的名称、版本等的元数据文件。

（2）lib 文件夹：主要是放置包中公开的代码，最少应有一个 <package-name>.dart 文件。

（3）Dart 包：这种包只能用于 Flutter，其中可能包含一些 Flutter 的特定功能，因此对 Flutter 框架具有依赖性。

（4）插件包：是一种专用的 Dart 包，其中包含用 Dart 代码编写的 API，以及针对原生平台的特定实现，也就是说，插件包包含原生代码。

虽然 Flutter 的 Dart 运行时和 Dart VM 运行时并不完全相同，但是若 Package 中没有涉及存在差异的部分，那么这样的包可以同时支持 Flutter 和 Dart VM。

10.2　平台通道介绍

平台通道的"平台"指的就是 Flutter 应用程序运行的平台，比如 iOS 或 Android 平台。一个完整的 Flutter 应用程序实际上包含原生平台代码和 Flutter 代码两部分。由于 Flutter 本身只是一个 UI 系统，不能提供偏底层的系统功能，如蓝牙、相机、导航等，因此要想在 Flutter App 中调用这些功能就一定要与原生平台进行通信。

Flutter 中提供了一个平台通道，用于 Flutter 与原生平台之间的通信。平台通道就是 Flutter 和原生平台之间通信的桥梁，同时也是 Flutter 插件的底层基础设施。Flutter 和原生平台之间的通信依赖于灵活的消息传递方式，具体如下。

（1）应用的 Flutter 通过平台通道将消息发送到其应用程序所在的宿主应用（原生应用）。

（2）宿主监听平台通道，并接收该消息。然后它会调用该平台的 API，并把响应发送回应用程序的 Flutter 部分。

10.3　Flutter插件的开发

虽然现在 Flutter 的生态越来越好，但是难免会遇到一些 Flutter 不支持或没有的插件，这就需要开发者自行开发 Flutter 插件。关于 Flutter 插件的开发步骤将通过一个获取设备信息的插件来做介绍，具体实现如下。

1. 创建一个新的应用程序

开发Flutter插件首先要创建一个新的应用程序。

（1）在终端中输入命令行 flutter create flutterplugin 并运行。

默认情况下，模板支持使用Java编写Android代码，使用Objective-C编写iOS代码。若要使用Kotlin或Swift编写代码，需要使用−i或−a标识。

（2）在终端中输入命令行 flutter create −i swift −a kotlin flutterplugin 并运行。

2. 创建 Flutter 平台的客户端

首先构建通道，使用DevicePlugin()方法来返回设备信息。

```
import 'dart:async';

import 'dart:io';
import 'package:flutter/material.dart';
import 'package:flutter/services.dart';
import 'package:device_info/device_info.dart';

class _MyPluginState extends State<MyPlugin> {
  static final DevicePlugin devicePlugin = new DevicePlugin();
  Map<String, dynamic> _deviceData = <String, dynamic>{}; // 接收设备信息
}
```

然后调用通道上的方法，创建initPlatformState()方法，使用try…catch语句来处理获取不到的情况，代码如下。

```
Future<Null> initPlatformState() async {
  Map<String, dynamic> deviceData;

try {
  if (Platform.isAndroid) {
    deviceData = _readAndroidBuildData(await devicePlugin.androidInfo);
  } else if (Platform.isIOS) {
    deviceData = _readIOSDeviceInfo(await devicePlugin.iosInfo);
  }
} on PlatformException {
  deviceData = <String, dynamic>{
    'Error:': 'Failed to get info.'
  };
}

if (!mounted) return;

  setState(() {
    _deviceData = deviceData;
```

```
    });
}

Map<String, dynamic> _readAndroidBuildData(AndroidDeviceInfo build) {
    return <String, dynamic>{
        'version.securityPatch': build.version.securityPatch,
        'version.sdkInt': build.version.sdkInt,
        'version.release': build.version.release,
        'version.previewSdkInt': build.version.previewSdkInt,
        'version.incremental': build.version.incremental,
        'version.codename': build.version.codename,
        'version.baseOS': build.version.baseOS,
        'board': build.board,
        'bootloader': build.bootloader,
        'brand': build.brand,
        'device': build.device,
        'display': build.display,
        'fingerprint': build.fingerprint,
        'hardware': build.hardware,
        'host': build.host,
        'id': build.id,
        'manufacturer': build.manufacturer,
        'model': build.model,
        'product': build.product,
        'supported32BitAbis': build.supported32BitAbis,
        'supported64BitAbis': build.supported64BitAbis,
        'supportedAbis': build.supportedAbis,
        'tags': build.tags,
        'type': build.type,
        'isPhysicalDevice': build.isPhysicalDevice,
    };
}
Map<String, dynamic> _readIOSDeviceInfo(IosDeviceInfo data) {
    return <String, dynamic>{
        'name': data.name,
        'systemName': data.systemName,
        'systemVersion': data.systemVersion,
        'model': data.model,
        'localizedModel': data.localizedModel,
        'identifierForVendor': data.identifierForVendor,
        'isPhysicalDevice': data.isPhysicalDevice,
        'utsname.sysname:': data.utsname.sysname,
        'utsname.nodename:': data.utsname.nodename,
        'utsname.release:': data.utsname.release,
        'utsname.version:': data.utsname.version,
        'utsname.machine:': data.utsname.machine,
```

```
  };
}
```

最后在build()中创建界面，包含设备信息，代码如下。

```
@override
Widget build(BuildContext context) {
  return new MaterialApp(
    home: new Scaffold(
    appBar: new AppBar(
    title: new Text(
      Platform.isAndroid ? 'Android Device Info' : 'iOS Device Info'),
    ),
    body: new ListView(
      shrinkWrap: true,
      children: _deviceData.keys.map((String property) {
        return new Row(
          children: <Widget>[
            new Container(
              padding: const EdgeInsets.all(10.0),
              child: new Text(
                property,
                style: const TextStyle(
                  fontWeight: FontWeight. clip,
                ),
              ),
            ),
            new Expanded(
              child: new Container(
                padding: const EdgeInsets.fromLTRB(0.0, 10.0, 0.0, 10.0),
              child: new Text(
                '${_deviceData[property]}',
                overflow: TextOverflow.ellipsis,
              ),
            )),
          ],
        );
      }).toList(),
    ),
  ),);
  }
}
```

以上就是Flutter插件的核心代码部分，接下来的两节将介绍Android和iOS端插件API的实现。

10.4 **Android端插件API的实现**

本节接着 10.3节所讲的获取设备信息的插件的示例，来完成 Android 端插件 API 的实现。这里以 Java 编写 Android 代码来实现，Kotlin 的写法这里不再介绍，读者可以自行查阅相关资料。

首先要在 Flutter 应用程序中使用此设备信息功能，我们必须将其依赖包添加到 pubspec.yaml 文件中。

使用以下代码在 pubspec.yaml 文件中添加依赖。

```
dependencies:
device_info: ^0.2.1
```

然后在终端中安装获取设备信息的依赖包，使用 Flutter 的命令行来安装软件包。

```
$flutter packages get
```

使用 Android Studio 打开 Flutter 应用程序中的 Android 部分，具体步骤如下。

（1）打开 Android Studio。

（2）在 Android Studio 的菜单栏中选择 "File → Open..." 选项。

（3）定位到 Flutter 应用程序的目录下，找到对应的 android 文件夹，单击 "OK" 按钮。

（4）在 java 目录下打开 MainActivity.java 文件。

接着在 onCreate() 方法中创建 DevicePlugin，且设置一个 DevicePluginHandler。要确保使用的名称与 Flutter 客户端中使用的通道名称一致。

最后在 Activity 类中引入文件，并且初始化获取设备信息的方法，具体代码如下。

```
import 'package:device_info/device_info.dart';

DeviceInfoPlugin device = new DeviceInfoPlugin();
AndroidDeviceInfo androidInfo = await device.androidInfo;
print('Android---- >>>${androidInfo.model}');
```

 10.5 **iOS端插件API的实现**

本节接着 10.3 节所讲的获取设备信息的插件的示例，来完成 iOS 端插件 API 的实现。这里以 Objective-C 编写 iOS 代码来实现，Swift 的写法这里不再介绍，读者可以自行查阅相关资料。

首先和 10.4 节的导入获取设备信息依赖包的步骤一样，使用 Flutter 的命令行来安装软件包。

使用 Xcode 打开 Flutter 应用程序中的 iOS 部分，具体步骤如下。

（1）打开 Xcode。

（2）选择"File → Open..."选项。

（3）定位到 Flutter 应用程序的目录下，找到对应的 iOS 文件夹，单击"OK"按钮。

（4）要保证 Xcode 项目的构建没有异常错误。

（5）选择"Runner → Runner"选项，打开 AppDelegate.m 文件。

接着在 application: didFinishLaunchingWithOptions: 方法中创建一个 FlutterMethodChannel，以及添加一个处理方法，要确保它与 Flutter 客户端中使用的通道名称一致。

最后在 AppDelegate.m 文件中引入文件，并且初始化获取设备信息的方法，具体代码如下。

```
import 'package:device_info/device_info.dart';

DeviceInfoPlugin device = new DeviceInfoPlugin();
IosDeviceInfo iosInfo = await device.iosInfo;
print('iOS---- >>> ${iosInfo.utsname.machine}');
```

10.6 小结

本章主要介绍了向原生应用中引入 Flutter 模块的方法，以及 Flutter 插件的开发和使用。由于 Flutter 更新迭代的速度非常快，这就导致会有各种各样的混合开发方式，而且如果遇到一些 Flutter 不支持或没有的插件需要读者自行开发，所以 Flutter 插件的开发也是读者在学习 Flutter 时必备的知识点。

第11章

国际化

在移动端开发中，如果我们的应用需要支持多种语言，那么就需要将应用进行"国际化"处理。这就意味着我们在进行移动端开发时，需要为应用程序支持的每种语言环境设置一些本地化的值。例如，文本布局，在大多数情况下是从左到右的，但在少数情况下是从右到左的，如中东阿拉伯地区。其实，Flutter 库自身就支持国际化。

通过本章学习，读者可以掌握如下内容。

- ◆ 让开发的 App 支持多语言
- ◆ 监听系统语言切换
- ◆ 让开发的 UI 支持多语言
- ◆ 使用 Intl 包

让开发的App支持多语言

默认情况下，Flutter SDK 仅提供美式英语的本地化，如果想要添加其他语言，就需要指定其他 MaterialApp 属性，并且要在应用程序中引入名为"flutter_localizations"的依赖包。另外，如果想让应用程序的多语言在 iOS 上顺利运行，就必须引入名为"flutter_cupertion_localizations"的依赖包。

在 pubspec.yaml 文件中引入依赖包，具体代码如下。

```
dependencies:
  flutter:
    sdk: flutter
  # 本地国际化
  flutter_localizations:
    sdk: flutter
flutter_cupertion_localizations: ^1.0.1
```

接着引入 flutter_localizations 依赖包，并给 MaterialApp 指定 LocalizationsDelegate 和 supportedLocales，具体代码如下。

```
MaterialApp(
  LocalizationsDelegate: [GlobalMaterialLocalizations.delegate,
                          GlobalWidgetsLocalizations.delegate,
                          GlobalCupertinoLocalizations.delegate],
  supportedLocales: [Locale('en'), Locale('zh'),],
)
```

上面的这段代码中，LocalizationsDelegate 是一个生成本地化值的集合；GlobalMaterial Localizations.delegate 为 Material 组件库提供本地化的字符串和其他值；GlobalWidgetsLocalizations. delegate 定义了 Widget 默认的文本方向：从左到右或从右到左；GlobalCupertinoLocalizations.delegate 为 Cupertino 库提供本地化的字符串和其他值；supportedLocales 是一个支持本地化区域的集合；Locale 类用来标识用户当前的语言环境，移动设备通过系统菜单来设置语言区域。

监听系统语言切换

我们在更改系统语言设置时，Localizations 组件会重新构建，而用户只是看到语言的切换，该过程是由系统隐式完成的，不需要我们主动去监听系统语言切换。但是如果想要监听系统语言切换，则可以通过 LocaleResolutionCallback 或 LocaleListResolutionCallback 回调来实现。其中，Locale ResolutionCallback 和 LocaleListResolutionCallback 都有两个参数：List<Locale>? Locales 和 Iterable

<Locale> supportedLocales。在比较新的 Android 系统下，我们可以设置语言列表，这样支持多语言的应用就得到了该列表，用 List<Locale>? Locales 来表示语言列表，如图 11.1 所示。

supportedLocales 为当前应用支持的 locale 列表，在MaterialApp 中设置 supportedLocales 的值。一般情况下，如果 App 不支持当前语言，就会返回一个默认语言值。LocaleListResolutionCallback 的用法如下。

```
MaterialApp {
  supportedLocales: [Locale('en'),
      Locale('zh'),],
  LocaleListResolutionCallback: (List<Locale>
      locales, Iterable<Locale> supportLocales) {
    print('------>locales:$locales');
    print('------>supportLocales:
        $supportLocales');
  },
}
```

输出结果如下。

```
------>locales:[zh_Hans_CN, ja_JP, en_GB]
------>supportLocales:[en, zh]
```

图 11.1　Android 系统语言列表

11.3　让开发的UI支持多语言

前面讲了关于 Material 组件库如何支持国际化，如果想让自己开发的 UI 支持多语言，那么就需要实现两个类：Localizations 和 Delegate。

Localizations 类主要是提供本地化值，具体实现代码如下。

```
//Locale 资源类
class ExampleLocalizations {
  ExampleLocalizations(this._locale);
  final Locale _locale;
  // 为了方便使用，我们定义一个静态方法
  static ExampleLocalizations of(BuildContext context) {
    return Localizations.of<ExampleLocalizations>(
      context, ExampleLocalizations);
```

```
  }
  //Locale 的相关值
  Map<String, Map<String, String>> _localizedValues = {
    'zh': valueZH,
    'en': valueEN
  };
  Map<String, String> get values {
    if (_locale == null) {
      return _localizedValues['zh'];
    }
    return _localizedValues[_locale.languageCode];
  }
  static const LocalizationsDelegate<ExampleLocalizations> delegate =
    _ExampleLocalizationsDelegate();
  static Future<ExampleLocalizations> load(Locale locale) {
    return SynchronousFuture<ExampleLocalizations>(
      ExampleLocalizations(locale));
  }
}
```

其中，valueZH 和 valueEN 分别表示中文文案和英文文案。具体文案如下。

```
// 中文文案
var valueZH = {LocalizationsKey.appName: '应用名称',
               LocalizationsKey.title: '标题'};
// 英文文案
var valueEN = {LocalizationsKey.appName: 'App Name',
               LocalizationsKey.title: 'Title'};
```

上面的 valueZH 和 valueEN 是 Map，定义了对应的 key 和 value。为了方便管理和使用，可以把 key 做统一的定义，具体定义如下。

```
class LocalizationsKey {
  static const appName = "app_name";
  static const title = "title";
}
```

Delegate 类主要是在 Locale 发生改变时加载新的 Locale 资源，它有一个 load() 方法，而且需要继承 LocalizationsDelegate 类，具体实现代码如下。

```
//Locale 代理类
class _ExampleLocalizationsDelegate extends
    LocalizationsDelegate<ExampleLocalizations> {
  const _ExampleLocalizationsDelegate();
```

```
// 是否支持某个 Locale
@override
bool isSupperted(Locale locale) => true;
// 调用该类加载相应的 Locale 资源类
@override
Future<ExampleLocalizations> load(Locale locale) =>
    ExampleLocalizations.load(locale);

@override
bool shouldReload(LocalizationsDelegate<ExampleLocalizations> old) => false;
}
```

实现上述 Localizations 和 Delegate 类后，需要在 MaterialApp 或 WidgetsApp 中注册 Delegate，具体代码如下。

```
localizationsDelegate: [
  // 本地化的代理类
  GlobalMaterialLocalizations.delegate,
  GlobalWidgetsLocalizations.delegate,
  // 注册我们自己的 Delegate
  ExampleLocalizations.delegate,
],
```

最后在 Widget 组件中使用国际化值，具体代码如下。

```
Widget build(BuildContext context) {
  // 使用国际化值
  return Container(
    child: Text(ExampleLocalizations.of(context)
      .values[LocalizationsKey.appName]),
  );
}
```

上面的例子说明了应用程序如何实现国际化，当在中文和英文之间切换系统语言时，标题会分别显示对应的应用名称。

11.4　使用Intl包

使用 Intl 包可以让开发者非常轻松地实现国际化，还可以将文本分离成单独的文件，方便开发者开发。使用 Intl 包，我们需要在 pubspec.yaml 文件中添加两个依赖，具体如下。

```
dependencies:
```

```
intl: ^0.17.0

dev_dependencies:
intl_translation: ^0.17.9
```

在项目根目录 lib 下创建一个 locations/intl_messages 目录，用来保存 Intl 相关文件，实现 Localizations 和 Delegate 类，实现步骤与 11.3 节相似，Localizations 类的实现代码如下。

```
class IntlLocalizations {
  IntlLocalizations();

  // 为了方便使用，我们定义一个静态方法
  static IntlLocalizations of(BuildContext context) {
    return Localizations.of<IntlLocalizations>(context, IntlLocalizations);
  }
  // 获取应用名称
  String get appName {
    return Intl.message('app_name');
  }
  static const LocalizationsDelegate<IntlLocalizations> delegate =
      _IntlLocalizationsDelegate();
  static Future<IntlLocalizations> load(Locale locale) async {
    final String localeName = Intl.canonicalizedLocale(locale.toString());
    await initializeMessages(localeName);
    Intl.defaultLocale = localeName;
    return IntlLocalizations();
  }
}
```

上面 Localizations 类的实现与 11.3 节唯一不同的就是，这里使用 Intl.message() 来获取文本值。

Delegate 类的实现代码如下。

```
//Locale 代理类
class _IntlLocalizationsDelegate extends LocalizationsDelegate<IntlLocalizations>
{
  const _IntlLocalizationsDelegate();

  // 是否支持某个 Locale
  @override
  bool isSupperted(Locale locale) => true;
  // 调用该类加载相应的 Locale 资源类
  @override
  Future<IntlLocalizations> load(Locale locale) => IntlLocalizations.load(locale);
```

```
@override
bool shouldReload(LocalizationsDelegate<IntlLocalizations> old) => false;
}
```

通过 intl_translation 工具生成 ARB 文件，关于 ARB 文件规范读者可以自行查询，这里不再赘述。具体命令如下。

```
flutter pub run intl_translation: extract_to_arb -output-dir=lib/locations/
intl_messages lib/locations/intl_messages/intl_localizations.dart
```

lib/locations/intl_messages 是开始时创建的目录，intl_localizations.dart 是 Localizations 类的实现文件。成功生成文件后，在 lib/locations/intl_messages 目录下生成 intl_messages.arb 文件，该文件的内容如下。

```
{
  "@@last_modified": "2021-12-01T21:06:52.143921",
  "app_name": " 默认的值 ",
  "@app_name": {
    "type": "text",
    "placeholders": {}
  }
}
```

若想添加英文支持，直接复制上面的文件并修改文件名称为 intl_en_UE.arb，文件内容如下。

```
{
  "@@last_modified": "2021-12-01T21:06:52.143921",
  "app_name": "en_UE",
  "@app_name": {
    "type": "text",
    "placeholders": {}
  }
}
```

添加其他语言支持的方法与上面示例类似。通过 intl_translation 工具把 ARB 文件转换为 Dart 文件，具体命令如下。

```
flutter pub run intl_translation: generate_from_arb -output-dir=lib/locations/
intl_messages -no-use-deferred-loading lib/locations/intl_messages/intl_
localizations.dart lib/ locations/intl_messages/intl_*.arb
```

上面的命令在首次运行时会在 intl_messages 目录下生成多个文件，对应多种 Locale，每个 ARB 文件对应一个 Dart 文件，这些代码便是最终要使用的 Dart 代码。

11.5　小结

　　本章主要介绍了如何实现应用程序的国际化。Intl 是一个第三方插件，可以协助开发人员快速实现应用程序的国际化。但是 Intl 的实现过程有点复杂，需要把 Dart 文件转换为 ARB 文件，然后再把 ARB 文件转换为 Dart 文件。截至本章，关于 Flutter 的基础知识已经介绍完毕。下一章我们将会用项目实战来把本书的知识点串联起来，多动手操作才能快速入门。

第 12 章

项目实战

学习完本书所讲的 Flutter 技术后，你一定想尝试开发一个完整的 Flutter 应用。本章将以一个完整的 Flutter 项目为例，带领你理解 Flutter 应用开发的流程，同时对前面所学的知识点加以应用。

通过本章学习，读者可以掌握如下内容。

- 应用介绍
- 应用数据
- 主体样式
- 路由管理
- 状态管理方案

- 登录界面
- 消息展示界面
- 待办事项界面
- 考勤打卡界面
- 个人中心界面

12.1 应用介绍

本章要开发的是一款公司内部办公的应用，它主要具有消息展示、待办事项、考勤打卡等基本功能，并且使用了 Flutter 的各个核心功能，包含 Flutter 的状态管理、路由管理和 UI 动画交互等。如果你能完整地开发出这个应用，再去完成其他的应用开发一定会很轻松。下面几张图展示了公司内部办公应用的部分 UI 截图，如图 12.1 ~ 图 12.5 所示。

图 12.1　登录界面

图 12.2　消息展示界面

图 12.3　待办事项界面

图 12.4　考勤打卡界面

图 12.5　个人中心界面

上面只是展示了应用的部分静态图片，其实还有很多动画效果，本章会对这款应用各个模块的实现进行详细介绍，其中包括登录界面、消息展示界面、待办事项界面、考勤打卡界面、个人中心界面等模块。

12.2 应用数据

这个 Flutter 应用中，需要关注的是移动端的页面开发，消息、考勤信息等都要通过网络请求获取后端数据库中的数据来展示。考勤打卡的数据模型如下。

```
@JsonSerializable()
class AttendanceItemInfo {
  @JsonKey(name: "on_time")
  double? onTime;
  @JsonKey(name: "out_time")
  double? outTime;
  @JsonKey(name: "on_delay_time")
  double? onDelayTime;
  @JsonKey(name: "out_delay_time")
  double? outDelayTime;
  @JsonKey(name: "total_hours")
  double? totalHours;
  @JsonKey(name: "city_name")
  String? cityName;
  String? worktime;
  String? address;
  @JsonKey(name: "calendar_name")
  String? calendarName;
  @JsonKey(name: "effect_attendance_date_start")
  String? effectAttendanceAateStart;
  AttendanceItemInfo({
    this.onTime,
    this.outTime,
    this.onDelayTime,
    this.outDelayTime,
    this.totalHours,
    this.cityName,
    this.worktime,
    this.address,
    this.calendarName,
    this.effectAttendanceAateStart,
  });
  // 不同的类使用不同的 mixin 即可
```

```
factory AttendanceItemInfo.fromJson(Map<String, dynamic> json) =>
    _$AttendanceItemInfoFromJson(json);
  Map<String, dynamic> toJson() => _$AttendanceItemInfoToJson(this);
}
```

还有很多与上述类似的数据模型，实际开发中直接根据后端接口返回的数据格式来设计数据模型即可。获取到数据后，通过数据模型就可以直接在移动端的页面中展示数据了。

 主体样式

与开发单独的页面不同，完整的项目应用开发通常会设置统一的样式和颜色色调等，所以一般通过一个单独的类来统一管理整个应用程序中的常用信息设置，如主题色、字号大小、图标等。例如，统一管理应用的颜色和字号大小等，具体如下。

```
class AppColors {
  static const ColorSwatch grey = ColorSwatch<int>(
    _greyPrimaryValue,
    <int, Color>{
      50: Color(0xFFFAFAFA),
      100: Color(0xFFF5F5F5),
      200: Color(0xFFEEEEEE),
      300: Color(0xFFE0E0E0),
      350: Color(0xFFD6D6D6),
      //only for raised button while pressed in light theme
      400: Color(0xFFBDBDBD),
      99: Color(_greyPrimaryValue),
      75: Color(0xFF757575),
      66: Color(0xFF666666),
      55: Color(0xFF555555),
      42: Color(0xFF424242),
      33: Color(0xFF333333),
      22: Color(0xFF222222),
      21: Color(0xFF212121),
    },
  );
  static const int _greyPrimaryValue = 0xFF9E9E9E;
  static const Color primary = Color(0xFF1355BE);
  static const Color red = Color(0xFFF44336);
  static const Color white = Color(0xFFFFFFFF);
  static const Color whiteAlpha = Color(0x33FFFFFF);
  static const Color background = Color(0xFFF4F4F4);
  static const blackAF = Color(0xFFAFAFAF);
```

```
    static const blue1447A6 = Color(0xFF1447A6);
    static const blueC6DAFF = Color(0xFFC6DAFF);
    static const blue1355be = Color.fromRGBO(19, 85, 190, 0.1);
    static const redEE2424 = Color(0xFFEE2424);
    static const redee2424 = Color.fromRGBO(238, 36, 36, 0.1);
    static const green09C278 = Color(0xFF09C278);
    static const LinearGradient clockGradient =
        LinearGradient(
          begin: Alignment.topCenter,
          end: Alignment.bottomCenter,
          colors: [Color(0xFF377CF3), Color(0xFF2B73EB)]);
    static const Color clock = Color(0xFF3B7CD6);
    static const Color colorAccent = Color(0xFF2B73EB);
}
/// 字号大小设定
class FontSize {
    /// 微型字号
    static const double tinySize = 10;
    /// 更小字号
    static const double littleSize = 10;
    /// 小号字号
    static const double smallSize = 12;
    /// 中号字号
    static const double middleSize = 13;
    /// 普通字号
    static const double normalSize = 14;
    /// 默认字号
    static const double defaultSize = 14;
    /// 常规字号
    static const double regularSize = 15;
    /// 大号字号
    static const double bigSize = 18;
    /// 中大号字号
    static const double bigMediumSize = 18;
    /// 中较大号字号
    static const double mediumBigSize = 20;
    /// 超大号字号
    static const double largeSize = 22;
    /// 巨大字号
    static const double hugeSize = 24;
}
```

　　由于 Flutter 中的主体 Theme 对象是使用遗传组件实现的，所以在根组件 MaterialApp 中设置 Theme 属性，定义全局的主题样式，然后在使用的地方调用即可，具体如下。

```
@override
```

```
Widget build(BuildContext context) {
  Entry _appEntry = context.read<Entry>();
  // 填入设计稿中设备的屏幕尺寸, 单位为 dp
  return ScreenUtilInit(
    designSize: Size(414, 896),
    builder: () => MaterialApp(
      debugShowCheckedModeBanner: false,
      title: "公司内部办公门户",
      home: SplashPage(),
      theme: ThemeData(
        //AppColors 就是设置主题颜色的类
        primaryColor: AppColors.primary,
        brightness: Brightness.light,
        bottomNavigationBarTheme: BottomNavigationBarThemeData(
          selectedItemColor: AppColors.primary,
          unselectedItemColor: AppColors.black88)),
    ));
}
```

这里通过设置 AppColors 类来给应用全局设置颜色等信息，可以做到统一设置，在使用时直接调用类中对应的变量名即可。

 ## 12.4 路由管理

公司内部办公应用主要由 5 个页面组成，分别是登录页面、消息展示页面、待办事项页面/工作台页面、考勤打卡页面及个人中心页面。当使用者进入应用时，首先需要进入登录页面，因此可以在 MaterialApp 中使用下面的方式定义它的路由，具体代码如下。

```
@override
Widget build(BuildContext context) {
  Entry _appEntry = context.read<Entry>();
  // 填入设计稿中设备的屏幕尺寸, 单位为 dp
  return ScreenUtilInit(
    designSize: Size(414, 896),
    builder: () => MaterialApp(
      debugShowCheckedModeBanner: false,
      title: "公司内部办公门户",
      home: SplashPage(),
      initialRoute: '/login',
      onGenerateRoute: _getRoute,
      theme: ThemeData(
        primaryColor: AppColors.primary, //AppColors 就是设置主题颜色的类
```

```
      brightness: Brightness.light,
      bottomNavigationBarTheme: BottomNavigationBarThemeData(
        selectedItemColor: AppColors.primary,
        unselectedItemColor: AppColors.black88)),

  ));
}

  Route<dynamic>_getRoute(RouteSettings settings) {
    switch(settings.name) {
      case'/login':
    return MaterialPageRoute<void>(
      settings: settings,
      builder: (BuildContextcontext) => LoginPage(),
      fullscreenDialog: true,);
  default: return MaterialPageRoute(
    builder: (context) => Scaffold(
      body: Center(child: Text(' 没有找到这个路由 :${settings.name}')),
    ),
  ),};
  }
```

上述代码将 MaterialApp 的 initialRoute 属性设置为/login，这样用户进入这个应用后就会首先使用命名路由的方式打开这个页面。在_getRoute()方法中，可以定义自己的路由逻辑。当打开的页面路由名称为/login 时，返回一个打开登录页面的 MaterialPageRoute 即可。另外，还要为其他没有定义的路由名称返回一个空页面。

在 MaterialApp 的 home 属性中传入了表示应用首页的组件 SplashPage。值得注意的是，应用启动后，home 属性指定的首页会被放在路由栈底部，而 initialRoute 指定的登录页面会覆盖在首页上。

在登录页面中，可以调用 Navigator.pop(context) 进入应用首页，所以"登录"按钮是这样定义的。

```
RaisedButton(
  child: Text(' 登录 '), onPressed: () {
  Navigator.pop(context);
)
```

12.5 状态管理方案

本书第 4 章已经介绍了多种状态管理方案，所有程序中的页面和数据之间的交互都是至关重要的，直接决定了整个项目程序的结构，所以选好状态管理方案的重要性就不言而喻了。由于公司内部办公应用的页面不多且数据量也不大，因此采用更加方便的 Provider 来作为项目的状态管理方案。

在使用 Provider 前，需要将 provider 库添加到项目中，具体如下。

```
dependencies:
  flutter:
    sdk: flutter
    provider: ^6.0.2
```

把 provider 库添加到项目中后，需要入口引入，具体操作如下。

```
runApp(
  ChangeNotifierProvider<ThemeModel>(
    create: (_) {
      return ThemeModel(ThemeType.light); // 设置 App 的主题模式
    },
    child: App(),
));
```

在 MaterialApp 中的使用，具体如下。

```
return MaterialApp(
  theme: Provider.of<ThemeModel>(context).themeData ,
  home: IndexInHeritedWidget() ,
);
```

在考勤打卡页面中，获取当前登录用户的 ID，具体用法如下。

```
@override
Widget build(BuildContext context) {
  super.build(context);
  return MultiProvider(
    providers: [
      StreamProvider<ClockFaceInfo>(
        create: (_) =>
            EventProvider.clockFaceProps(loginInfo.workId!), // 获取当前登录用户的 ID
        initialData: ClockFaceInfo(workId: loginInfo.workId!),
        lazy: false,
        catchError: (BuildContext context, Object? error) {
          return ClockFaceInfo(workId: loginInfo.workId!);
        }),
    ],
    child: Scaffold(
      backgroundColor: AppColors.blackF4,
      appBar: AppBar(
        backgroundColor: AppColors.primary,
        leading: Container(),
        leadingWidth: 16,
        titleSpacing: 0,
        elevation: 0,
```

```
     centerTitle: false,
     title: Builder(builder: (context) {
       LocationRangInfo info = context.watch<LocationRangInfo>();
       return NoFactorText(
         data: info.companyCate ?? "",
         style: Application.style
               .copyWith(fontSize: 18, fontWeight: FontWeight.w400));
     }),
     actions: [
       AppBarIcon(
         icon: Icon(Icons.close, color: Colors.white),
         onPressed: () => Application.pop(context))
     ]),
   bottomNavigationBar: _buildBottomBar(bottoms),
   body: _buildBody(),
 ));
}
```

项目中其他页面用到的状态管理的使用方法与上述示例类似，这里不再一一赘述。总之，使用状态管理的好处就是方便数据的传递，减少不必要的界面间的成叠传递，同时方便数据修改，从而修改所依赖的监听项。

 ## 12.6 登录界面

登录界面是用户在进入应用后首先看到的界面，它的功能就是为了让用户输入账号和密码进行登录验证操作，验证成功后就会进入公司内部办公应用的首页。在本 Flutter 应用中，我们仅实现它的局部组件。实现登录界面的部分核心代码如下。

```
class LoginPage extends StatefulWidget {
  /// 来自什么操作
  final String from;
  final String to;
  final bool isForced;

  /// 强制登录
  LoginPage({this.from = "login", this.to = "", this.isForced = false});

  @override
  State<StatefulWidget> createState() {
    return _LoginState();
  }
}
```

```
class _LoginState extends State<LoginPage> with SingleTickerProviderStateMixin
{
  … // 省略无关代码
  @override
  Widget build(BuildContext context) {
    return Scaffold(
      backgroundColor: Colors.white,
      resizeToAvoidBottomInset: false, // 去掉键盘后面的白色背景
      body: Stack(
        children: <Widget>[
          AspectRatio(
            aspectRatio: ratio,
            child: Image.asset(
              'assets/login/ic_login_bg.png',
              fit: BoxFit.fitWidth)), // 设置背景图
          Scaffold(
            resizeToAvoidBottomInset: false,
            backgroundColor: Colors.transparent, body: _buildBody()), // 在这里
设置输入账号和密码的主体内容

        ],
      ),
    );


  }
  … // 省略无关代码
}
```

从上面的代码中可以看到，整个登录界面是以Scaffold组件作为根组件，它的body属性是用来设置界面的主体内容的。我们将登录界面的账号、密码输入框放在body中，可以再单独用一个Widget来具体实现。实现登录界面的输入框、登录按钮等的部分核心代码如下。

```
/// 登录的主体界面
Widget _buildBody() {
  TextStyle accentStyle =
      Application.style.copyWith(color: AppColors.colorAccent, fontSize: 18);
  TextStyle hintStyle =
      Application.style.copyWith(fontSize: 14, color: AppColors.black99);
  double height = MediaQuery.of(context).size.width * 0.45 / ratio;
  List<Widget> children = [];
  children.add(Container(
    alignment: Alignment.centerLeft,
    margin: EdgeInsets.only(top: height, left: 24, bottom: 26),
    child: NoFactorText(
      data: Application.i18n(context).welcome_to_login,
```

```
        textAlign: TextAlign.left,
        style: Application.style.copyWith(
          color: AppColors.black33,
          fontSize: 24,
          fontWeight: FontWeight.bold)),
  ));

  children.add(Container(
    margin: EdgeInsets.only(left: 16, bottom: 16),
    alignment: Alignment.centerLeft,
    child: Container(
      width: 140,
      child: Theme(
        data: ThemeData(
          splashColor: Colors.transparent,
          highlightColor: Colors.transparent,
        ),
        child: TabBar(
          tabs: getTabBarItems(["邮箱 ", " 手机号 "]).toList(),
          controller: tabController,
          onTap: changedLogin,
          indicatorSize: TabBarIndicatorSize.label,
          indicatorColor: AppColors.colorAccent,
          indicatorPadding: EdgeInsets.only(bottom: 2),
          labelColor: AppColors.colorAccent,
          labelStyle: accentStyle,
          unselectedLabelStyle: accentStyle.copyWith(color: AppColors.black99),
          unselectedLabelColor: AppColors.black99,
          labelPadding: EdgeInsets.symmetric(horizontal: 4, vertical: 5),
        ),
      ))));
  children.add(_buildLoginButtonItem()); // 添加登录按钮

  return SingleChildScrollView(
    child: AnimatedSwitcher( // 设置过渡动画
      duration: Duration(milliseconds: 300),
      child: Column(mainAxisSize: MainAxisSize.max, children: children)))
    .scrollBehaviorConfiguration();
}

/// 用户登录按钮
Widget _buildLoginButtonItem() {
  return ButtonItem(
    disable: disable,
    callback: onLogin,
    buttonColor: AppColors.colorAccent,
```

```
text: Application.i18n(context).login,
textStyle: Application.style);
}
```

最后就是一些细节的处理，如用户协议、登录账号校验等处理。至此，我们就完成了登录界面，由于单纯的Flutter应用没有后台数据的支持，所以这里并没有实现与后台数据相关的逻辑处理。

12.7 消息展示界面

公司内部办公应用的首页是消息展示界面，因为公司内部办公应用一般都是把消息信息放在第一位，以方便员工及时查看公司内部消息通知。消息展示界面主要是通过图文消息列表呈现出来，单击对应的图文消息列表就跳转到图文消息详情界面。这里只介绍消息展示界面的图文消息列表界面，实现的部分核心代码如下。

```
class MessagePage extends StatefulWidget {
  @override
  _MessagePageState createState() => _MessagePageState();
}
class _MessagePageState extends State<MessagePage>
  with AutomaticKeepAliveClientMixin {
  … // 省略无关代码
  @override
  Widget build(BuildContext context) {
    super.build(context);

    return Scaffold(
      backgroundColor: AppColors.background,
      appBar: buildAppBar(context,
        title: Text(" 图文中心 "),
        leading: Container(),
        actions: [
          _buildActionItem(
            AppIcons.search(color: Colors.white, size: 42), onSearch),
        ]),
      body: Container(
        child: ListPages(), // 在这里设置图文消息列表的主体内容
      ),
    );
  }

… // 省略无关代码
}
```

从上面的代码中可以看到，消息展示界面是以 Scaffold 组件作为根组件，它的 body 属性是用来设置界面的主体内容的。图文消息列表的主体以列表来展示，具体实现代码如下。

```
Widget ListPages() {
  return ListView(
    children: <Widget>[
      ListTile(
        leading: Image.asset("images/image1.png"),
        title: Text("2021 年中秋节放假通知 "),
        subtitle: Text(" 放假三天 ",
          style: TextStyle(
            color: Colors.blue
          ),),
      ),
      ListTile(
        leading: Icon(Icons.settings),
        title: Text(" 深圳分公司—篮球赛活动 "),
        subtitle: Text(" 报名须知 ",
          style: TextStyle(fontSize: 13.0,
            color: Colors.pink),),
        trailing: Image.asset("images/image2.png"),
      ),
      ListTile(
        leading: Icon(Icons.settings, color: Colors.yellow),
        title: Text(" 公司内推计划 "),
        subtitle: Text(" 伯乐奖设置 "),
      ),
      ...
    ],
  );
}
```

这里以静态数据来设置图文消息列表的展示，在实际的项目开发中是需要根据后台数据库返回的数据来进行展示的。在图文消息列表中单击跳转到图文消息详情界面，设置消息链接，通过 WebView 加载网页链接打开具体的图文消息详情界面，这里不再赘述具体实现方法。

12.8　待办事项界面

由于待办事项界面和工作台界面是类似的模块，所以这里只介绍待办事项模块，待办事项界面的具体实现代码如下。

```
class DealCenterPage extends StatefulWidget {
```

```
  final WorkSpaceOpenDrawer? workSpaceOpenDrawer;

  DealCenterPage({Map? data, this.workSpaceOpenDrawer});

  @override
  State<StatefulWidget> createState() {
    return _DealCenterPage();
  }
}
class _DealCenterPage extends BaseWidgetState<DealCenterPage>
    with TickerProviderStateMixin {
… // 省略无关代码

  @override
  Widget build(BuildContext context) {
    super.build(context);
    // 自定义顶部导航栏
    appBar = AppBar(
      centerTitle: true,
      leadingWidth: 0,
      backgroundColor: AppColors.primary,
      elevation: 0,
      leading: Container(),
      title: Text(" 待办事项中心 "),
    );
    return StreamProvider<String>(
      create: (_) => EventProvider.encryptWorkId(),
      lazy: false,
      initialData: "",
      catchError: (BuildContext context, Object? error) {
        return "";
      },
      child: Scaffold(
        backgroundColor: AppColors.background,
        appBar: appBar, //appBar
        body: buildBody(), // 待办事项中心的主体内容设置的位置
      ).safeArea(top: false),
    );
  }

  // 待办事项中心的主体内容的 Widget
  Widget buildBody() {
    return Stack(
      children: [
        ExtendedNestedScrollView(
          controller: _scrollController,
```

```
                onlyOneScrollInBody: true,
            headerSliverBuilder: (ctx, inner) {
                return <Widget>[
                    SliverToBoxAdapter(child: _buildBannerHead()), //设置顶部轮播的事项
处理

                    SliverPersistentHeader(
                        pinned: false,
                        delegate: StickyTabBarDelegate(
                            child: WorkSpaceTabTitle( //设置待办事项标题栏
                                title: " 流程审批 ",
                                controller: tabController, //这里用 tabController 来展示各个不
同的模块

                                isTabScrollable: false,
                                tabs: getTabBarItems(tabItems).toList(),
                                listener: _openEndDrawer,
                                onTabTap: onTabTap)),
                    ),
                ];
            },
            pinnedHeaderSliverHeightBuilder: () {
                return 75.5;
            },
            body: _buildBody()) //待办事项底部的每个模块的详细内容设置, 使用 PageView 实现
        .scrollBehaviorConfiguration(),


    ],
    );
}


}
```

上述代码为待办事项界面, 它的 body 属性是用来设置界面的主体内容的, 分为顶部待办事项处理和下面的待办模块的处理列表。顶部待办事项处理模块以轮播形式展现, 具体实现代码如下。

```
/// 顶部待办事项
Widget _buildBannerHead() {
    if (appletItems.isEmpty == true) {
        return Container(height: 1);
    }
    int count = (appletItems.length / 4).round();
    Size size = MediaQuery.of(context).size;
    double aspectRatio = 2;
    double height = count > 1 ? 120 : 110;
    Widget child = Stack(
        children: [
```

```
Container(
  width: double.infinity,
  height: height,
  padding: EdgeInsets.only(left: 15, right: 15),
  child: CarouselSlider.builder( // 顶部待办事项以 CarouselSlider 类型的轮播
```
来设置
```
    carouselController: _carouselController,
    itemCount: count,
    itemBuilder: (BuildContext context, int index, int realIndex) {
      List<Widget> _items = <Widget>[];
      for (int i = index * 4; i < (index + 1) * 4; i++) {
        if (i < appletItems.length) {
          AppletInfo appletInfo = appletItems[i];
          _items.add(WorkSpaceItem(
            info: appletInfo, itemClick: onTopAppClick));
        } else {
          _items.add(Flexible(child: Container(width: 50)));
        }
      }
      return Row(
        mainAxisAlignment: MainAxisAlignment.spaceBetween,
        children: _items);
    },
    options: CarouselOptions(
      aspectRatio: aspectRatio,
      viewportFraction: 1,
      enableInfiniteScroll: false,
      onPageChanged: (index, reason) {
        setState(() {
          _current = index;
        });
      }),
  ),
),
Positioned(
  bottom: 0,
  left: 0,
  right: 0,
  child: Row(
    mainAxisAlignment: MainAxisAlignment.center,
    children: count < 2
      ? []
      : List.generate(
        count,
        (index) => GestureDetector(
          child: Container(
```

```
                        width: 4.0,
                        height: 4.0,
                        margin: EdgeInsets.symmetric(
                          vertical: 8.0, horizontal: 4.0),
                        decoration: BoxDecoration(
                          shape: BoxShape.circle,
                          color: AppColors.black33.withOpacity(
                            _current == index ? 1 : 0.5)),
                      ),
          ))))
        ],
      );
      return Container(
        child: child, color: Colors.white, margin: EdgeInsets.only(bottom: 10));
}
```

设置完顶部待办事项处理模块后，接着设置下面的待办模块的处理列表，这里的实现主要使用 TabController+PageView 组合。前面已经介绍了 TabController 的实现，接下来介绍 PageView 的实现，具体实现代码如下。

```
Widget _buildBody() {
  List<Widget> items = [ // 待办事项各个模块都以 Widget 来设置，并放在数组中
    SpecialPageWidget(
      key: PageStorageKey(tabItems[0]),
      eventType: eventType,
      currentTab: currentTab),
    TaskPageWidget(
      key: PageStorageKey(tabItems[1]),
      eventType: eventType,
      type: 1,
      currentTab: currentTab),
    TaskPageWidget(
      key: PageStorageKey(tabItems[2]),
      eventType: eventType,
      type: 2,
      currentTab: currentTab),
    AttendancePageWidget(
      key: PageStorageKey(tabItems[3]),
      eventType: eventType,
      currentTab: currentTab)
  ];
  return PageView.builder( // 最后直接返回 PageView 即可
    key: ValueKey('deal-center'),
    controller: pageController,
    itemBuilder: (context, index) {
      return items[index];
```

```
    },
    itemCount: items.length,
    onPageChanged: onPageChanged);
}
```

上面只是介绍了基于 UI 层面的实现部分，数据部分这里没有做介绍，在实际开发过程中此界面要根据从后台数据库中请求到的数据做关联，而且这里的逻辑部分也是根据获得的数据来做处理的。

12.9　考勤打卡界面

公司内部办公应用的考勤打卡界面其实不在应用的主模块下面，但是为什么要单独拿出来讲？这是因为在公司内部办公应用中，员工的考勤打卡是主要业务之一，也是使用频率最高的模块。其实在这个应用中考勤打卡模块是放在个人中心的二级菜单中的，由于它很重要，所以这里单独拿出来介绍。

考勤打卡模块是由工作日历+考勤记录构成的，这样就组成了考勤打卡的主要内容，具体实现代码如下。

```
class ClockStatisticsPage extends StatefulWidget {
  final bool showRule;

  final bool showAppBar;

  const ClockStatisticsPage(
    {Key? key, this.showRule = true, this.showAppBar = true})
    : super(key: key);

  @override
  _ClockStatisticsPageState createState() => _ClockStatisticsPageState();
}

class _ClockStatisticsPageState extends BaseWidgetState<ClockStatisticsPage> {
… // 省略无关代码
  @override
  Widget build(BuildContext context) {
    super.build(context);
    return Scaffold(
      backgroundColor: AppColors.background,
      appBar: _appBar(), // 设置顶部导航栏
      body: _buildBody()); // 设置考勤打卡主要实现部分
  }
```

```
// 考勤打卡主要实现部分
Widget _buildBody() {
  return CustomScrollView(
    scrollBehavior: ScrollBehavior().copyWith(overscroll: false),
    slivers: [
      SliverToBoxAdapter(child: _buildWorkMonth(month: month)), // 工作日历设置
      SliverToBoxAdapter(child: _buildWorkTime()), // 考勤记录信息设置
    ],
  );
}
```

考勤打卡模块主要由顶部工作日历和下面的考勤记录组成。首先介绍工作日历的实现，具体实现代码如下。

```
Widget _buildWorkMonth({int? month = 1}) {
  return Container(
    margin: EdgeInsets.symmetric(horizontal: 16, vertical: 0),
    padding: EdgeInsets.symmetric(horizontal: 16),
    decoration: BoxDecoration(
      color: Colors.white,
      borderRadius: BorderRadius.all(Radius.circular(10))),
    child: Column(
      children: [
        ListTile(
          minVerticalPadding: 0,
          contentPadding: EdgeInsets.zero,
          dense: false,
          title: Text.rich(TextSpan(children: [
            TextSpan(
              text: Application.i18n(context).clock_month_title,
              style: Application.style.copyWith(
                color: AppColors.black22,
                fontSize: 18,
                fontWeight: FontWeight.bold)),
            TextSpan(
              text: '（$month 月）',
              style: Application.style.copyWith(
                color: AppColors.black99,
                fontSize: 14,
                fontWeight: FontWeight.bold)),
          ]))),
        _calendarDatePicker(DatePickerMode.day), // 日历组件
        SizedBox(height: 10)

      ],
```

```
    ),
  );
}
```

介绍完工作日历实现部分后，再来介绍一下考勤记录的实现，其实这部分就是上下班打卡信息展示，具体实现代码如下。

```
Widget _buildWorkTime() {
  return Container(
    margin: EdgeInsets.symmetric(horizontal: 16, vertical: 12),
    padding: EdgeInsets.symmetric(horizontal: 16),
    decoration: BoxDecoration(
      color: Colors.white,
      borderRadius: BorderRadius.all(Radius.circular(10))),
    child: Column(
      children: [
        ListTile(
          minVerticalPadding: 0,
          contentPadding: EdgeInsets.zero,
          dense: false,
          title: NoFactorText(
            data: Application.i18n(context).clock_record,
            style: Application.style.copyWith(
              color: AppColors.black22,
              fontSize: 16,
              fontWeight: FontWeight.bold)),
          trailing: isShowRecord
            ? Container(
              padding: EdgeInsets.symmetric(vertical: 4),
              child: NoFactorText(
                data: Application.i18n(context).clock_record_click,
                style: Application.style.copyWith(
                  color: Color(0xFF7AAAF7), fontSize: 12)))
                .onTap(_onClockRecord)
            : null),
        Container(
          padding: EdgeInsets.only(bottom: 12),
          child: isShowRecord
            ? Column(
              crossAxisAlignment: CrossAxisAlignment.start,
              children: getClockItems(clockWorkItems.value).toList())  // 展示考
勤数据的数据源
            : ClockNoRecordItemItem()),
      ],
    ));
}
```

考勤记录就是单纯的数据展示部分，这是需要从后台数据库中请求到数据后赋值展示的，这里不再赘述。

 12.10　个人中心界面

介绍完上面的几个模块后，就剩下最后一个模块，也是 App 开发中必不可少的模块——个人中心模块。公司内部办公应用的个人中心界面主要展示的是公司员工的个人信息等内容，这里只介绍个人中心的一级界面。个人中心界面的主要构成部分有顶部的员工姓名、头像、电话等基本信息，还有中部的员工角色展示模块，具体实现代码如下。

```dart
class MinePage extends StatefulWidget {
  const MinePage({Key? key}) : super(key: key);

  @override
  _MinePageState createState() => _MinePageState();
}
class _MinePageState extends BaseWidgetState<MinePage> {
… // 省略无关代码

  @override
  Widget build(BuildContext context) {
    super.build(context);
    return _buildBody(); //body 直接新建 Widget 来实现
  }
// 个人中心的主要内容设置
  Widget _buildBody() {
    return Scaffold(
      backgroundColor: AppColors.background,
      body: CustomScrollView(
        controller: _scrollController,
        slivers: [
          _buildHead(), // 顶部员工个人信息模块

          // 根据员工角色展示不同的模块
          SliverToBoxAdapter(child: _buildContractWidget()),
          SliverToBoxAdapter(child: _buildProjectWidget()),
          SliverFillRemaining(
            hasScrollBody: false,
            child: Container(height: fillRemainingHeight)),
        ],
      ).scrollBehaviorConfiguration())
```

```
    .safeArea(top: false);
  }
}
```

下面介绍个人中心的顶部员工个人信息模块的实现，具体实现代码如下。

```
SliverAppBar _buildHead() {
  double ratio = 414 / 215.0;
  return SliverAppBar(
    leadingWidth: 0,
    backgroundColor: AppColors.primary,
    titleSpacing: 16,
    centerTitle: true,
    title: LayoutBuilder(
      builder: (BuildContext context, BoxConstraints constraints) {
        final FlexibleSpaceBarSettings settings = context
          .dependOnInheritedWidgetOfExactType<FlexibleSpaceBarSettings>()!;
        return Row(
          children: [
            Opacity(
              opacity: opacity,
              child: Container(
                width: 40, height: 40, child: _headImageWidget(size: 20))),
            Expanded(
              child: NoFactorText(
                data: mineInfo.workLabel,
                textAlign: TextAlign.center,
                style: Application.style.copyWith(
                  fontSize: FontSize.bigSize,
                  fontWeight: FontWeight.w500,
                  color: AppColors.white.withOpacity(opacity)),
                maxLines: 1,
                overflow: TextOverflow.ellipsis))
          ],
        );
      }),
    actions: [
      AppIcons.set(size: 44, color: AppColors.white).onTap(goSetting),
    ],
    flexibleSpace: SpaceBar(
      onChanged: (opacity) {
        this.opacity = 1 - opacity;
      },
      background: Stack(
        fit: StackFit.passthrough,
        children: [
```

```
AspectRatio(
  aspectRatio: ratio,
  child:
    Image.asset('assets/mine/mine_bg.png', fit: BoxFit.fill)),
Positioned(
  left: 0,
  right: 0,
  bottom: 0,
  child: Container(
    child: Row(
      children: [
        SizedBox(width: 16),
        Container(
          margin: EdgeInsets.only(bottom: 48),
          decoration: BoxDecoration(
            borderRadius: BorderRadius.all(Radius.circular(42.0)),
            border: new Border.all(
              width: 3, color: AppColors.whiteAlpha)),
          child: _headImageWidget()),
        SizedBox(width: 12),
        Expanded(
          child: Column(
            mainAxisSize: MainAxisSize.min,
            mainAxisAlignment: MainAxisAlignment.start,
            crossAxisAlignment: CrossAxisAlignment.start,
            children: [
              Text(mineInfo.workLabel,
                textScaleFactor: 1.0,
                style: Application.style.copyWith(
                  fontSize: FontSize.bigSize,
                  fontWeight: FontWeight.w500,
                  color: AppColors.white),
                maxLines: 1,
                overflow: TextOverflow.ellipsis),
              SizedBox(height: 8),
              Container(
                margin: EdgeInsets.only(bottom: 5, right: 10),
                child: Text(
                  mineInfo.jobLabel,
                  textScaleFactor: 1.0,

                  ///可加长，会显示点点点
                  overflow: TextOverflow.ellipsis,
                  style: Application.style.copyWith(
                    fontSize: FontSize.normalSize,
                    color: AppColors.white),
```

```
                     maxLines: 4,
                 ),
             ),
         SizedBox(height: 8),
         Text.rich(TextSpan(children: [
             WidgetSpan(
                 child: AppIcons.minePhone(
                     size: 14, color: AppColors.white),
                 alignment: PlaceholderAlignment.middle),
             WidgetSpan(child: SizedBox(width: 4)),
             TextSpan(
                 text: mineInfo.personMobilePhone ?? "",
                 style: Application.style.copyWith(
                     fontSize: FontSize.normalSize,
                     textBaseline: TextBaseline.ideographic,
                     color: AppColors.white),
             )
         ])),
         SizedBox(height: 6),
         Row(
             mainAxisAlignment: MainAxisAlignment.center,
             crossAxisAlignment: CrossAxisAlignment.center,
             children: [
                 AppIcons.mineMail(
                     size: 14, color: AppColors.white),
                 SizedBox(width: 4),
                 Expanded(
                     child: Text(mineInfo.workEmail ?? "",
                         style: Application.style.copyWith(
                             fontSize: FontSize.normalSize,
                             textBaseline: TextBaseline.ideographic,
                             overflow: TextOverflow.ellipsis,
                             color: AppColors.white),
                         strutStyle: StrutStyle(
                             forceStrutHeight: true, height: 1),
                         maxLines: 1)),
             ],
         ),
         SizedBox(height: 16)
     ],
 ).onTap(onProfile)),
 Container(
     height: 48,
     width: 48,
     child: AppIcons.mineArr(
         size: 20, color: AppColors.white))
```

```
                        .onTap(onProfile),
              ],
          ),
        ))
      ],
    )),
    expandedHeight: flexibleSpaceHeight,
    pinned: true,
    floating: true,
  );
}
// 设置顶部背景图
Widget _headImageWidget({double size = 78}) {
  ImageProvider provider = AssetImage("assets/mine/mine_head_defult.png");
  if (headImage != null) {
    provider = FileImageEx(headImage!);
  }
  return ClipOval(
    child: Image(
      key: UniqueKey(),
      image: provider,
      width: size,
      height: size,
      fit: BoxFit.cover,
      gaplessPlayback: true,
  )).onTap(_pickImage);
}
```

　　上面是个人中心的顶部员工个人信息展示部分，虽然员工个人信息模块听起来很简单，但是需要开发者留意其中的细节问题，越觉得简单的地方往往越耗费工夫。接着介绍员工角色展示模块的实现，具体实现代码如下。

```
/// 合同相关信息——这是每个员工都显示的模块
Widget _buildContractWidget() {
  return Container(
    color: Colors.white,
    margin: EdgeInsets.only(top: 10),
    child: Column(
      children: <Widget>[
        ListTileItem(
          title: "合同信息",
        ),
        SizedBox(height: 5),
        Column(children: [
          _contractListItem("用工关系", mineInfo.contractRelation ?? "",
                            "用工状态", mineInfo.contractState ?? ""),
```

```
            _contractListItem(" 用工类型 ", mineInfo.contractType ?? "",
                              " 岗位类型 ", mineInfo.contractJobName ?? ""),
            _projectListItem(" 合同时间 ", mineInfo.contractDateLabel),
            Padding(
              padding: EdgeInsets.only(bottom: 5),
            ),
          ]),
          SizedBox(height: 5),
        ],
    ));
}


// 项目相关信息——只有在项目中的员工才显示该模块
Widget _buildProjectWidget() {
  if (mineInfo.projectName?.isNotEmpty == true) { // 根据员工类型判断是否展示该模块
    return Container(
      color: Colors.white,
      margin: EdgeInsets.only(top: 10, bottom: 10),
      child: Column(children: <Widget>[
        ListTileItem(
          title: " 我所在项目信息 ",
          trailing: " 查看更多 ",
          icon: AppIcons.arrowRight(size: 14, color: AppColors.black88),
          onMore: () => Application.navigateTo(context, Routers.ProjectPage)),
        SizedBox(height: 5),
        Column(
          children: [
            _projectListItem(" 项目名称 ", mineInfo.projectName ?? ""),
            _projectListItem(" 项目状态 ", mineInfo.inProState ?? ""),
            _projectListItem(" 项目时间 ", mineInfo.projectDate)
          ],
        ),
        SizedBox(height: 5),
      ]),
    );
  }
  return Container();
}
```

　　个人中心模块其实还有其他一些部分没有介绍，比如设置、退出登录等。这些是比较常见的模块，实现起来也相对比较简单，所以这里不再赘述。

12.11 **小结**

本章完整展示了 Flutter 应用的开发过程，也使用了目前比较热门的 Flutter 第三方插件，使用这些插件可以极大地缩短项目开发周期，提高开发效率。

第13章
发布 Flutter 应用

在 App 开发完成后，需要进行上线前的性能分析和测试，确保应用程序稳定，最后才是将 App 构建版本发布到各大应用市场。本章主要介绍 Flutter 项目开发完成后的测试、构建版本和上线等知识点，让读者对 Flutter 项目的开发后期阶段有一个清晰的认识。

通过本章学习，读者可以掌握如下内容。

- JIT 和 AOT
- Android 端的打包
- iOS 端的打包
- 性能调试
- 开发辅助工具使用
- App 上架

13.1 JIT和AOT

Flutter 选择 Dart 语言是因为 JIT 和 AOT。目前，程序主要有两种运行方式：静态编译和动态解释。静态编译的程序在执行前会全部被翻译为字节码，一般把这种类型称为 AOT，也就是"提前编译"；而动态解释执行的则是一句一句地一边翻译一边运行，一般把这种类型称为 JIT，也就是"即时编译"。

Dart 在开发过程中使用的是 JIT，所以每次改动都不需要再编译成字节码，这样可以节省大量时间；但是在部署中又使用 AOT 生成高效的 ARM 代码以保证高效的性能。Dart 是为数不多的同时支持 JIT 和 AOT 的语言。Flutter 最受欢迎的功能之一热重载就是基于该特性的。

13.2 Android端的打包

把编写好的 Flutter 应用程序打包并发布，是 Flutter 应用开发后期阶段的工作。那么，本节就来看一下 Android 端的打包，需要注意以下几点。

（1）首先要注意的就是 Flutter 应用程序 Android 端的包名，它是应用的唯一标识，命名规范的格式类似于 com.baidu.baidumap，概括为"域名倒置＋应用程序的英文名"。

（2）设置完包名后，想要对包名进行修改，可以直接在项目的 build.gradle 配置文件中修改，具体位置如图 13.1 所示。

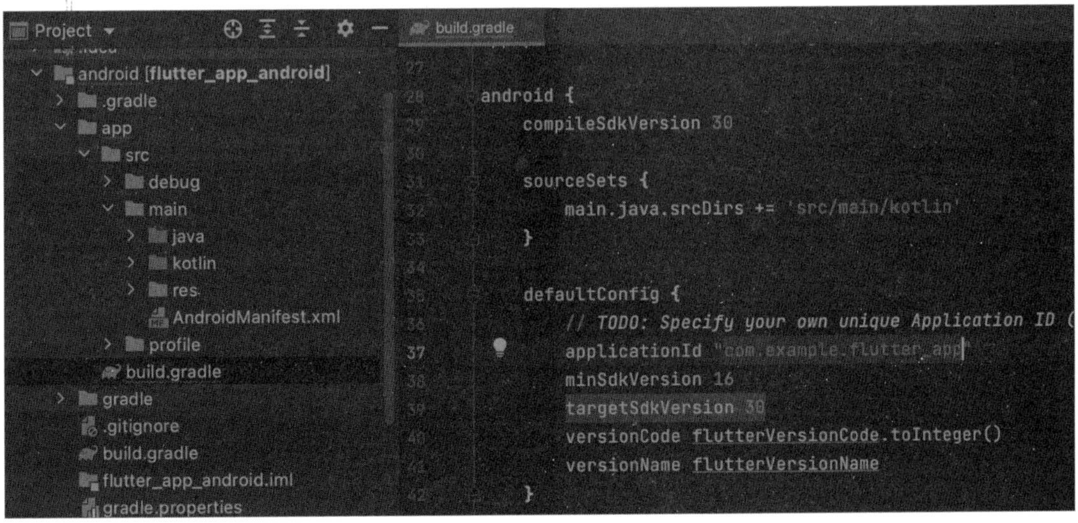

图 13.1　build.gradle 配置文件

（3）AndroidManifest.xml 文件主要是用来显示是否缺少某些权限，如图 13.2 所示。

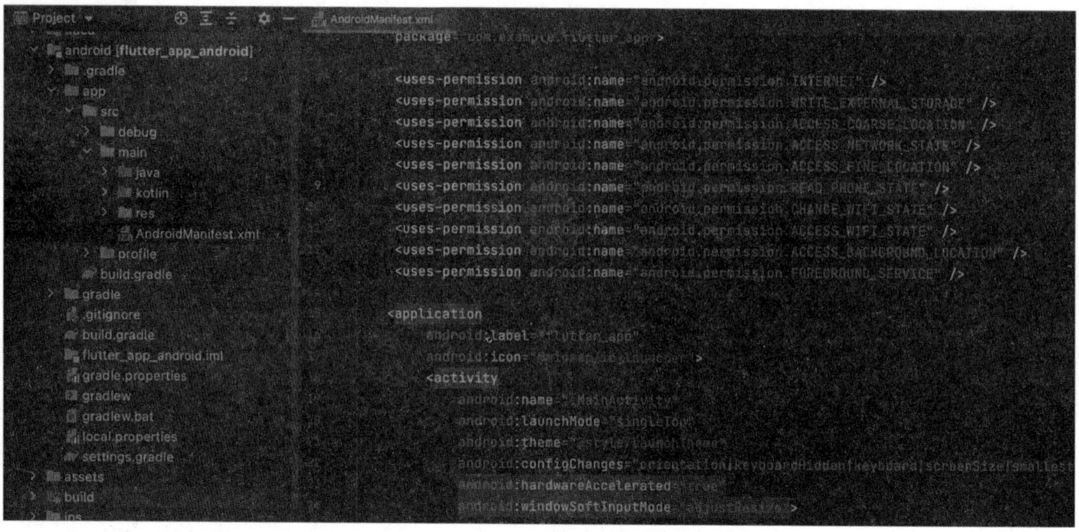

图 13.2　AndroidManifest.xml 文件

（4）Flutter 应用程序 Android 端的应用图标文件，一般是在项目的 res 目录下，设置应用图标的文件直接放入对应的 mipmap 文件夹（可以是 mipmap-hdpi、mipmap-mdpi 等）中，完成应用图标的修改替换，如图 13.3 所示。

图 13.3　设置存放应用图标文件等的目录文件夹

（5）最后需要注意的是，Flutter 应用程序 Android 端的签名，即应用程序必须签名后才能打包和发布使用。制作 Android 端的应用签名文件时，首先要用 Android Studio 编辑器打开 Android module，如图 13.4 所示。

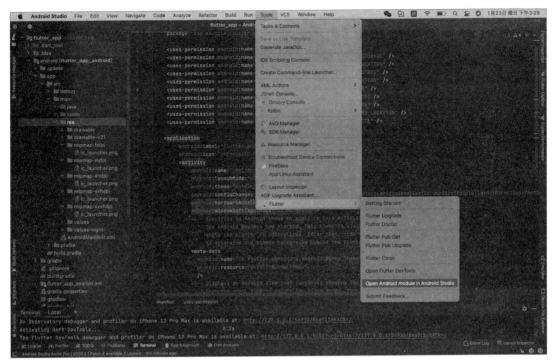

图 13.4　打开 Android module

接着选择"Build → Generate Signed Bundle/APK"选项，使用 Android Studio 来制作签名文件，如图 13.5 所示。

在弹出的对话框中选中"APK"单选按钮，即选择要进行签名的文件类型，如图 13.6 所示。

图 13.5　制作签名文件

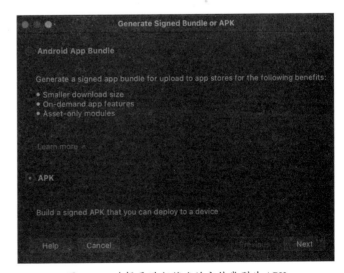

图 13.6　选择要进行签名的文件类型为 APK

单击"Next"按钮，然后在"Key store path"中选择签名文件的存储路径，并且输入签名密钥的信息。Alias 是签名文件的别名，也可以叫备注信息，如图 13.7 所示。

图 13.7 中，Validity(years)表示签名的有效年限，First and Last Name 表示开发者名称信息，Organizational Unit 表示单位信息，Organization 表示所属组织信息，City or Locality 表示所在城市信息，State or Province 表示所在省份信息，Country Code(XX)表示所在国家代码信息。填写好对应的信息后，单击"OK"按钮，再次回到应用签名界面，如图 13.8 所示。

图 13.7　应用签名密钥信息设置界面　　　　　图 13.8　应用签名界面

单击"Next"按钮，然后选择一个打包模式进行 Android 应用的 APK 打包，一般会选择 release 模式，最后单击"Finish"按钮，如图 13.9 所示。

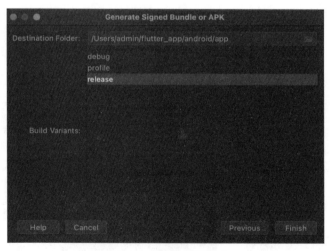

图 13.9　选择打包的模式

其实在进行 Android 应用的 APK 打包时无须执行以上步骤，只需要在 Flutter 项目 App 目录的 build.gradle 文件中配置签名信息，具体设置如下。

```
signingConfigs {
```

```
  debug {
    keyAlias 'flutterKey'
    keyPassword '123456'
    storeFile file('../pkcs12')
    storePassword '123456'
  }
  release {
    keyAlias 'flutterKey'
    keyPassword '123456'
    storeFile file('../pkcs12')
    storePassword '123456'
  }
}

buildTypes {
  debug {
    signingConfig signingConfigs.debug
  }
  release {
    signingConfig signingConfigs.release
    proguardFiles getDefaultProguardFile('proguard-android-optimize.txt'),
        'proguard-rules.pro'
  }
}
```

然后实现 Android 应用在打包时自动签名，在控制台中输入打包命令，具体如下。

```
$ flutter build apk
// 或
$ flutter build apk --release
```

执行完上述命令后，就完成了 Android 应用的 APK 打包。打包后的 Android 应用 APK 安装包存放在 Flutter 项目目录的 /build/app/outputs/apk/app–release.apk 下。

 ## 13.3　iOS端的打包

Flutter 应用程序 iOS 端的打包和上一节 Android 端的打包步骤类似，需要单独通过 Xcode 打开 Flutter 应用程序 iOS 端的项目目录，打开后如图 13.10 所示。

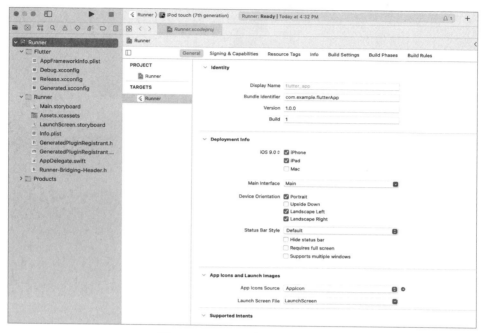

图 13.10　iOS 项目打开后的显示

关于图 13.10，需要注意以下几点。

（1）Display Name：设置 iOS 端应用程序的名称。

（2）Bundle Identifier：是需要在苹果的 iTunes Connect 上注册的 App ID，与 Android 应用的唯一标识类似，设置规则同为"域名倒置+应用程序的英文名"。

（3）Version：应用程序的版本名称，相当于 Android 应用的版本名。

（4）Build：应用程序的版本号名称。

（5）App Icons and Launch Images：应用图标的设置，在创建 Flutter 应用程序时会同时创建一个 Flutter 应用程序的占位图标集，这里可以重新设置应用图标来替换占位图标。

关于 iOS 端打包证书的设置，如图 13.11 所示。

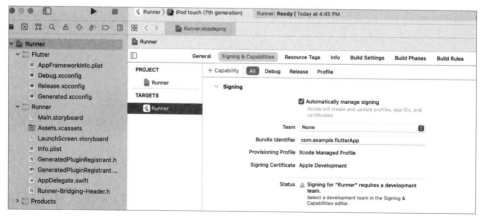

图 13.11　iOS 端打包证书的设置

Team：选择与 Apple Developer 账户相关联的团队，如果不关联，就不能匹配证书及正常打包。

接着来讲一下 iOS 端应用程序的打包步骤。首先要去苹果开发者官网注册 iOS 端的应用程序，注册应用程序主要分为两步：首先注册唯一的 Bundle ID；然后在 App Store Connect 中选择运行的设备，创建新的应用程序，顺便把应用程序的名称、LOGO、价格信息及管理版本等设置了。

由于每一个 iOS 端应用程序都会与一个 Bundle ID 进行关联，所以在注册 Bundle ID 时分为以下几步。

（1）登录苹果开发者账号，并进入 App IDs 设置页。

（2）单击"+"按钮创建 Bundle ID。

（3）输入 iOS 端应用程序的名称，选择"Explicit App ID"选项，然后输入 Bundle ID 信息。

（4）选择应用程序将要使用的服务，如推送服务等，然后单击"Continue"按钮。

（5）确认详细信息后，单击"Register"按钮完成 Bundle ID 的注册工作。

后面会在 13.6 节中讲到关于 iOS 端在 App Store Connect 中创建应用程序的步骤。如果想正式将应用程序发布到 App Store 或 TestFlight 上，或者发布到蒲公英等测试平台上，就需要选择生成 iOS 的 release 包，只需要选择 App Store 或 Ad Hoc 类型即可。首先在 Flutter 项目的终端中运行命令行，具体如下。

```
$flutter build ios
// 或
$flutter build ios -release
```

上述命令行打包 iOS 平台的 release 版本应用，打包完成后，用 Xcode 打开 Flutter 项目的 iOS 目录，然后在 Xcode 编辑器的菜单栏中选择"Product → Archive"选项，如图 13.12 所示。

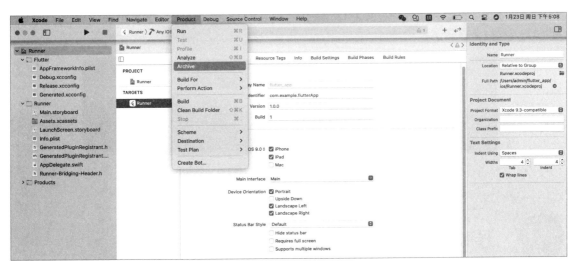

图 13.12　关于 iOS 端的打包编译操作

然后选择 App Store 或 Ad Hoc 类型，根据提示直接单击"Next"按钮，直到出现"Export"按钮并单击，找到存放 iOS 端打包后的 ipa 包的文件夹，进入文件夹找到 ipa 包，iOS 端的打包完成。

13.4 性能调试

应用的性能调试在开发中是必不可少的步骤，Flutter也提供了很多实用的调试方式，如日志调试、断点调试、真机调试等。本节就具体说说Flutter的调试相关的内容。

调试可以用于查找并分析问题，验证一些数据是否准确。Flutter的调试功能非常强大，先看一个简单的例子，通过输出控制台日志来查看调试过程，具体如下。

```
// 用输出方法 print() 来输出控制台日志
print(Object);

int a = 1;
double b = 3.14;
print('$a, $b'); //print() 还可以这样使用

//debugPrint 输出的日志，参数类型只能是 String
debugPrint(String);
```

上面的调试方式就是日志调试，也是Flutter开发中使用频率最高的方式之一。当在某一次输出太多日志时，Android会丢弃一些日志行。为了避免这种情况，我们可以使用Flutter的debugPrint()方法来输出日志，这种方式可以避免丢弃日志行。而且也可以在Android Studio的终端中通过命令行flutter logs来过滤并查看输出的日志。

接下来介绍一下断点调试，它在开发中也是比较常用的调试方式之一。这里以Android Studio为例进行讲解，只需在需要添加断点的代码左侧边缘用鼠标左键单击，就可以添加一个红色的小圆点断点，如图13.13所示。

```
26
27  //非匀速，图片的宽和高由慢到快从400变到0
    animation = CurvedAnimation(parent: controller, curve: Curves.easeIn);
28  animation = Tween(begin: 400.0, end: 0.0).animate(controller);
29
30  //启动动画(以正向执行)
31  controller.forward();
```

图 13.13　Android Studio 中添加断点的方法

13.5 开发辅助工具使用

本节主要讲解Android Studio编辑器中一些关于Flutter开发的辅助工具，包括Flutter Inspector、Flutter Outline、Dart Analysis等。

Flutter Inspector 可用于可视化和预览当前页面布局组件等。单击 Flutter Inspector 工具栏中的"Select widget"选择一个组件，所选的组件将会在设备和组件树结构中以高亮的形式显示出来，单击真机中的某一个组件或 Flutter Inspector 中的某个组件，设备和 Flutter Inspector 的界面中都会有对应的显示。

Flutter Outline 是用来查看代码层级结构的辅助工具，通过 Flutter Outline 可以查看项目代码的层级结构。

Dart Analysis 是用来检查和优化分析代码的辅助工具。例如，检查代码中是否存在声明了但未使用的常量、变量等。

13.6　App 上架

关于 Flutter 项目的 Android 端的应用程序上架，在 13.3 节中讲过 Android 端的应用签名设置和打包工作，这里接着讲解 Android 端的上架工作。对于 Android 端的上架主要是根据实际需要选择上架的平台，因为 Android 端的应用平台比较繁多，一般建议上架主流的 3～5 个平台即可，直接将打包好后的 Android 端 APK 发布到各个 Android 应用市场即可，这里不再赘述。

13.3 节讲过 iOS 端应用程序的打包步骤，这里再讲解一下上架 iOS 端应用程序到苹果商店的步骤，具体如下。

（1）在浏览器中打开苹果开发者官网，然后进入 App Store Connect。

（2）在 App Store Connect 登录后的页面中，选择"My App"选项。

（3）单击 My App 页面左上角的"+"按钮，选择"New App"选项，构建新的 App。

（4）填写构建的 App 的基本信息，其中在 Platforms 部分中选择 iOS，不要勾选其他方式，因为 Flutter 目前不支持 tvOS，然后单击"Create"按钮。

（5）最后跳转到应用程序详细信息页面 AppInformation，在 General Information 中填写已经注册过的 Bundle ID。

通过上面的步骤完成在苹果商店注册应用程序的工作，然后对 iOS 端应用程序进行打包后，把应用程序归档并上传到 App Store Connect，确保所有信息及应用程序没有问题后，将应用程序提交到苹果商店进行审核和发布，具体步骤如下。

（1）打开苹果开发者官网，然后在 iTunes 应用程序详情页的菜单栏中选择"Pricing and Availability"选项，填写所需的信息内容。

（2）在侧边栏中选择需要发布的应用程序状态，选择发布第一个版本，对应应用程序的第一个版本，它的状态为 1.0 Prepare for Submission。

（3）单击"Submit for Review"按钮，完成应用程序的发布工作，等待审核结果。

小结

本章主要介绍了Flutter项目测试、构建版本等基础知识，便于读者在整体上了解Flutter项目，为最后的Flutte应用程序上线提供了参考。

第14章

App 升级功能

App 升级功能是每一个上线的应用程序不可或缺的，当应用程序有新的版本发布时，需要用户能够及时收到更新通知并进行更新操作。本章将围绕 App 升级功能展开介绍。

通过本章学习，读者可以掌握如下内容。

- App 升级功能预览及功能分析
- Android 平台跳转到应用市场进行更新
- iOS 平台跳转到 App Store 进行更新

14.1 App升级功能预览及功能分析

在应用程序启动后进入程序首页时，一般情况下会对App进行升级检测，若发现有新的版本，就会弹框提示更新，通常弹框展示的内容包括新版本的信息和操作按钮（包含"取消"按钮和"更新"按钮）。具体获取版本的设置如下。

```
/// 进行版本更新检查
Stream<String> getCheckVersion() { // 初始版本是V1.0.0
  return Stream.fromFuture(Future.value("V1.0.0")).map((data) {
    return data;
  });
}
```

如果单击"取消"按钮，就关闭版本升级的弹框；如果单击"更新"按钮，就进入应用市场。通常会区分iOS平台和Android平台，iOS平台直接跳转到苹果商店App Store进行更新升级操作；Android平台可以直接下载APK安装包并安装，也可以直接跳转到对应的Android应用市场进行更新升级，如应用宝、华为应用市场、小米应用商店等。

App升级流程如下。

（1）首先检测是否有需要更新的新版本，一般情况下是通过后台接口提供的版本信息来判断，但iOS平台也可以根据App Store检测更新。

（2）如果检测到有新的版本，就会弹框提示"新版本升级"，并且给用户取消升级和升级两个选择，如果用户选择不升级新版本，则关闭弹框。

（3）如果用户选择升级新版本，需要根据平台判断。如果是iOS平台，直接跳转到苹果商店App Store去下载更新。如果是Android平台，则有两个选择——直接下载APK安装新版本和跳转到对应的Android应用市场下载并安装新版本。

其中，当用户选择升级新版本时，判断是iOS平台还是Android平台的代码如下。

```
if (Platform.isIOS) { // iOS 跳转到 App Store 更新
  DeviceHelper.openAppStore();
  Return;
} else { // Android 平台实现版本更新的地方
  DeviceHelper.onUpdatedApp("").listen((event) {});
}
```

14.2 Android平台跳转到应用市场进行更新

若Android应用程序已经上架到对应的Android应用市场后，想要让用户通过应用市场来更新

Android 应用程序，具体设置代码如下。

```
public static void goMarket(Context context, String packageName) {
  try {
    Uri uri = Uri.parse("market://details?id=" + packageName);
    Intent goMarket = new Intent(Intent.ACTION_VIEW, uri);
    goMarket.addFlags(Intent.FLAG_NEW_TASK);
    context.startActivity(goToMarket);
  }catch (ActivityNotFoundException e) {
    e. printStackTrace();
    Toast.makeText(context, "您的手机还没有安装应用市场!", Toast.LENGTH_TIP).show();
  }
}
```

如果用户的 Android 手机上面安装了多个应用市场，系统会弹框让用户选择使用哪个应用市场更新升级。但是此时会有一个问题，那就是用户自己也不知道要选择哪个应用市场，或者用户选择的应用市场没有上架我们的应用程序，这时就需要设置应用程序指定应用市场，比如默认指定小米应用商店，具体代码如下。

```
public static void goMarket(Context context, String packageName) {
  try {
    Uri uri = Uri.parse("market://details?id=" + packageName);
    Intent goMarket = new Intent(Intent.ACTION_VIEW, uri);
    goMarket.setclassName("com.xiaomi.market", "com.xiaomi.market.service
                      .externalapi.view.ThirdApiActivity");
    context.startActivity(goToMarket);
  }catch (ActivityNotFoundException e) {
    e. printStackTrace();
    Toast.makeText(context, "您的手机还没有安装应用市场!", Toast.LENGTH_TIP).show();
  }
}
```

14.3 iOS平台跳转到App Store进行更新

Android 平台的版本更新相对比较烦琐，而 iOS 平台的版本更新要简单得多。因为 iOS 平台只能通过苹果商店 App Store 这个唯一的渠道来升级更新应用程序，所以在版本更新时直接跳转到 App Store 即可。

但是 Flutter 与 iOS 端需要创建一个通信通道，Flutter 端通信通道的具体定义如下。

```
class AppUpgrade {
  static const MethodChannel _channel = const MethodChannel('upgrade');
```

```
/// 跳转到苹果商店 App Store
static toStore(String id) async{
  var map = {
    'path': id
  };
  return await _channel.invokeMethod('install', map);
}
}
```

toStore()方法中的参数id就是iOS端应用程序在苹果商店App Store创建之初时生成的id。
iOS端通信通道的具体定义如下。

```
@implementation FlutterAppUpgradePlugin{}

+ (void)registerWithRegistrar: (NSObject<FlutterPluginRegistrar>*)registrar{
  FlutterMethodChannel *channel = [FlutterMethodChannel methodChannelWithName:
      @"upgrade" binaryMessenger: [registrar messenger]];
  FlutterAppUpgradePlugin *instance = [[FlutterAppUpgradePlugin alloc] init];
  [instance registerNotification];
  [registrar addMethodCallDelegate: instance channel: channel];
}
- (void)handleMethodcall: (FlutterMethodCall *)call result: (FlutterResult) result
{

  if ([@"install" isEqualToString: call.method]) {
    NSDictionary *argument = call.arguments;
    NSString *id = argument[@"path"];
    NSString *url = @"https://itunes.apple.com/app/apple-store1/id?mt=8";
    url = [url stringByReplacingOccurrencesOfString: @"id" withString: id];
    [[UIApplication sharedApplication] openURL: [NSURL URLWithString: url]];
  }else {
    result(FlutterMethodNotImplemented);
  }
}
```

14.4 小结

本章主要介绍了App升级功能的详细流程和实现。不管是在Flutter端的应用程序还是在原生端的应用程序，升级功能都是不可或缺的，建议读者掌握该方面的知识点。

写到这里，本书的内容就全部讲完了，非常高兴您能看完这本书，也希望这本书能够帮助您更轻松地进入Flutter领域。在读完本书后，您已经具备了一定的Flutter开发能力，但这只是开始，因为学习Flutter之路才刚刚开始。保持一颗持续学习的心，让我们一起努力创造美好的未来！